装饰制图识图
实战技法一本通

ZHUANGSHI ZHITU SHITU SHIZHAN JIFA YIBENTONG

阳鸿钧 等 编著

U0201542

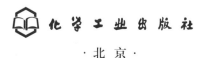

化学工业出版社

·北京·

本书主要包括基础概述与制图识图基础知识，制图识图图例，制图识图标注，图审、图纸深度与CAD制图要求，常见装饰装修图的识读，装饰装修具体类型图的识读，木工家具与水电专业图的识读等内容。本书可帮助读者掌握"制图＋识图＋实战技法"这种重要的基础性技能，从而更好地服务于实际工作，以便从"新手"变为"高手"，从基础到高级实战的"蝶变"。

本书可供建筑施工人员、建筑装饰施工人员、建筑工程管理人员、监理技术人员、土建类专业有关人员参考阅读，也可供建筑工程制图人员、装饰装修工程制图人员、社会自学人员参考阅读。另外，本书还可供大中专院校相关专业、培训学校、装修公司员工培训等参考使用。

图书在版编目（CIP）数据

装饰制图识图实战技法一本通：双色版 / 阳鸿钧等编著.
—北京：化学工业出版社，2020.6
ISBN 978-7-122-36558-3

Ⅰ．①装…　Ⅱ．①阳…　Ⅲ．①建筑装饰 - 建筑制图②建筑
装饰 - 建筑制图 - 识图　Ⅳ．① TU238

中国版本图书馆 CIP 数据核字（2020）第 052575 号

责任编辑：彭明兰　　　　　　　　　　　文字编辑：冯国庆
责任校对：宋　夏　　　　　　　　　　　装帧设计：韩　飞

出版发行：化学工业出版社（北京市东城区青年湖南街13号　邮政编码100011）
印　　装：大厂聚鑫印刷有限责任公司
787mm×1092mm　1/16　印张14¼　字数348千字　2020年8月北京第1版第1次印刷

购书咨询：010-64518888　　　　　　　　售后服务：010-64518899
网　　址：http://www.cip.com.cn
凡购买本书，如有缺损质量问题，本社销售中心负责调换。

定　　价：59.80元

前言

　　装饰装修图是装修工程中的"工程语言"，装饰装修图在装修工程中的作用与重要性不言自明。为帮助读者掌握装饰装修图的制图、识图和实战技法，特编写了本书。

　　本书的特点如下。

　　1. 定位清晰。零基础学装饰装修图，实现学业与职业技能无缝对接，使读者从"新手"变"高手"，实现从基础到高级实战的"蝶变"。

　　2. 图文并茂。本书尽量采用图解方式进行讲述，以达到识读清楚明了、直观快学的效果。

　　3. 提出识图新主张。书中讲述了根据实战经验总结的识图基本技能——点线法、节点法的应用，还讲述了三项法的应用，即根据图上直接呈现的信息＋想图上隐含的或者遵循的支持知识＋会图物互转互联的应用，从而使识图变得简单、轻松。

　　4. 表达生动，对图纸关键信息，用双色直接图上解读，清楚明了。

　　5. 视频支持，书中配有视频，读者可扫书中二维码观看学习。

　　本书主要包括基础概述与制图识图基础知识，制图识图图例，制图识图标注，图审、图纸深度与CAD制图要求，常见装饰装修图的识读，装饰装修具体类型图的识读，木工家具与水电专业图的识读等内容。

　　本书由阳鸿钧、阳育杰、阳许倩、杨红艳、许秋菊、欧小宝、许四一、阳红珍、许满菊、许应菊、唐忠良、许小菊、阳梅开、阳苟妹、唐许静、欧凤祥、罗小伍、许鹏翔等人员参加编写或支持编写。

　　另外，本书的编写还得到了一些同行、朋友及有关单位的帮助，在此，向他们表示衷心的感谢！本书在编写过程中，也参考了一些珍贵的资料、文献、网站，但是个别资料与文献的最原始来源不详，或者没有署名或者署名不规范，以及其他原因使得现参考文献中无法一一完全列举出来，在此特意说明以及特向这些资料、文献、网站的作者深表谢意。

　　在本书的编写过程中，还参考了有关标准、规范、要求、方法等资料，这些标准、规范、要求、方法等会存在更新、修订、新政策的情况。出书需要一定的时间且出版后不能即时调整，因此，凡涉及这些标准、规范、要求、方法的更新、修订、新政策等情况，请读者及时跟进现行的情况，进行对应调整。

　　由于作者水平和经验有限，书中不足之处在所难免，敬请广大读者批评指正。

编著者

2020年3月

目录

| 第 **1** 章 |　基础概述与制图识图基础知识　　　　　　　　　　　　　　　　　**1**

| 第**2**章 | 制图识图图例 | 45 |

| 第 **3** 章 | 制图识图标注 | ㉝ |

|第4章| 图审、图纸深度与 CAD 制图要求　　108

| 第 **5** 章 | **常见装饰装修图的识读** | ⑬④ |

|第6章| 装饰装修具体类型图的识读　　　⑯²

|第7章| 木工家具与水电专业图的识读　　　⑱¹

第1章 基础概述与制图识图基础知识

1.1 装饰装修基础概述

1.1.1 相关术语解说

图就是用点、线、符号、文字、数字等描绘事物几何特性、形态、位置、大小的一种形式，工程图样就是根据投影原理、标准、有关规定，表示工程对象，以及具有必要的技术说明的一种图。图1-1所示即为常见的家装图。

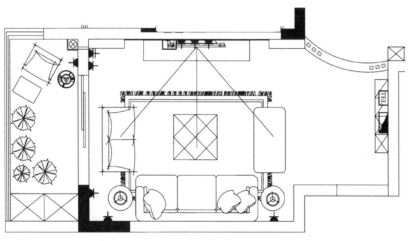

图 1-1　家装图

图的种类有很多，与工程相关的常见图的分类如表1-1所示。

表 1-1　常见图的分类

名称	解　释
简图	简图是由规定的符号、文字、图线组成示意性的一种图。通俗地讲简图，就是示意的图，是一种简化的图
零件图	零件图是表示零件结构、大小、技术要求的一种图。通俗地讲零件图，就是讲述"零件本身"的图
装配图	装配图是表示产品及其组成部分的连接、装配关系、技术要求的一种图。通俗地讲，装配图就是讲述装配连接关系的图。对于读图者而言，通过看装配图就可以知道装配连接关系的图

名称	解　释
安装图	安装图是表示设备、构件、材料等安装要求的一种图
表格图	表格图是用图形、表格，表示结构、构造相同而参数、尺寸、技术要求不尽相同的产品或项目的一种图
表图	表图是用点、线、图形与必要的变量数值，表示事物状态、过程的一种图
草图	草图是以目测估计图形与实物的比例，根据一定画法要求，徒手或部分使用绘图仪器进行绘制的一种图
底图	底图是根据原图制成的可供复制的一种图
电路图	电路图是用图形符号，根据工作顺序，表示电路设备装置的组成与连接关系的一种简图
方案图	方案图是概要表示工程项目、产品意图的一种图
复制图	复制图是由底图或原图复制成的一种图
管系图	管系图是表示管道系统中介质的流向、流经的设备、管件等连接、配置状况的一种图
接线图	接线图是表示成套装置、设备、装置的连接关系的一种简图
空白图	空白图是对绘制结构相同的零件、部件不根据比例绘制时，且没有标注尺寸的一种典型图
框图	框图是用线框、连线、字符，表示系统中各组成部分的基本作用及相互关系的一种简图
流程图	流程图是表示生产、施工过程事物各个环节进行顺序的一种简图
逻辑图	逻辑图是主要用二进制逻辑单元图形符号所绘制的一种简图
毛坯图	毛坯图是制造过程中，表示坯料状态或者初步状态的一种图
设计图	设计图是在工程项目、产品进行构形与计算过程中所绘制的一种图
施工图	施工图是表示施工对象的全部尺寸、用料、结构、构造、施工要求，主要用于指导施工用的一种图
算图	算图是运用标有数值的几何图形或图线进行数学计算的一种图
外形图	外形图是表示产品外形轮廓的一种图
型线图	型线图是用成组图线表示物体特征曲面的一种图
原理图	原理图是表示系统、设备的工作原理及其组成部分的相互关系的一种简图
原图	原图是经审核、认可后，可作为原稿的图。原图，有时指原封的一种图
总布置图	总布置图是表示特定区域的地形、所有建（构）筑物等布局与邻近情况的一种平面图

　　表 1-1 中图的种类，是大方面的分类。在具体领域，图可以再细微分类，例如，装饰装修图就可以再细分。装饰装修图，可以包括建筑室外装饰装修图、建筑室内装饰装修图。其中，建筑室内装饰制图的常见术语解释见表 1-2。

表 1-2　建筑室内装饰制图的常见术语解释

名称	解　释
房屋建筑室内装饰	在房屋建筑室内空间中运用装饰材料、家具、陈设等物件对室内环境进行美化处理的工作
房屋建筑室内装修	对房屋建筑室内空间中的界面与固定设施的维护、修饰、美化

名称	解　释
标高	在房屋建筑室内装饰装修设计中以本层室内地坪装饰装修完成面为基准点 ±0.000，到该空间各装饰装修完成面间的垂直高度
节点	在房屋建筑室内装饰装修设计中表示物体重点部位构造做法的一种图
剖切符号	用于表示剖视面、断面图所在位置的一种符号
索引符号	图样中用于引出需要清楚绘制细部图形的符号，以方便绘图、查找图纸
图号	表示本图样或被索引引出图样的标题编号
图例	为表示材料、灯具、设备设施等品种、构造而设定的一种标准图
引出线	在房屋建筑室内装饰装修设计中为表示引出详图、文字说明位置而画出的一种细实线
镜像投影	设想与顶界面相对的底界面为整片的镜面，该镜面作为投影面，顶界面的所有物像都映射在镜面上而呈现出顶界面的正投影图的一种方法。用镜像投影的方法可以表示顶棚平面图等

　　建筑室内装饰图的制图，不是随随便便制作的，而是要遵循一定的要求、方法和技巧。对于建筑室内装饰图，往往会涉及建筑造型。对于建筑造型的制图，可以像画像一样制图（即等效于效果图），但更多的是需要表达完整的施工、制作等信息。为此，需要除画像外的其他方法来制图。其中，投影制图是制图的基础。自然，投影制图也是建筑室内装饰图的制图基础。

　　有关投影的一些概念见表 1-3。

表 1-3　有关投影的一些概念

名　称	解　释
投影线	表示光线的线
投影面	表示落影的平面
投影图	产生的影子，可以借鉴太阳光线照射物体在地面或墙上产生影子的现象来理解
中心投影	由一点放射的投影线所产生的投影。中心投影所得的中心投影图通常称作透视图
平行投影	由相互平行的投射线所产生的投影。平行投射可以分为斜投影与正投影
斜投影	平行投射线与投影面斜交
正投影	平行投射线垂直于投影面。用这种正投影方法画得的图形称作正投影图。正投影图是广为采用的一种图，在画形体的正投影图时，可见的轮廓用实线表示，被遮挡的不可见轮廓用虚线表示

1.1.2　视图的特点

　　利用投影，目的是绘制视图。装饰装修工程中绘制的视图，便是建筑室内装饰装修图。建筑室内装饰装修的视图，一般采用位于建筑内部的视点，根据正投影法以及用第一角画法绘制，如图 1-2 所示。装饰装修界面与投影面不平行时，可以采用展开图来表示。其中的顶棚平面图，一般采用镜像投影法来绘制，其图像中纵横轴线排列需要与平面图完全一致。

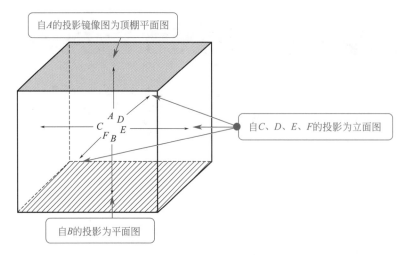

自A的投影镜像图为顶棚平面图

自C、D、E、F的投影为立面图

自B的投影为平面图

图1-2　建筑室内装饰装修的视图

拓展

选择视图的技巧如下。

主视图的选择——表示物体信息量最多的那个视图，选择作为主视图。主视图，往往表示物体的工作位置、加工位置、安装位置。

其他视图的选择——其一，在明确表示物体的前提下，使视图、剖视图、断面图的数量最少；其二，避免不必要的细节重复；其三，尽量避免使用虚线表达物体的轮廓与棱线。

视图有基本视图、向视图、局部视图、斜视图等类型。基本视图就是物体向基本投影面投射所得的一类视图。向视图就是可以自由配置的一类视图。局部视图就是将物体的某一部分向基本投影面投射所得的一类视图。斜视图就是物体向不平行于基本投影面的平面投射所得的一类视图。视图的特点如图1-3所示。

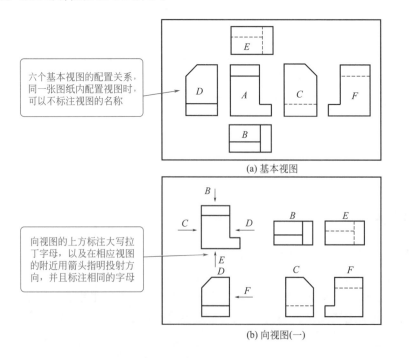

六个基本视图的配置关系，同一张图纸内配置视图时，可以不标注视图的名称

(a) 基本视图

向视图的上方标注大写拉丁字母，以及在相应视图的附近用箭头指明投射方向，并且标注相同的字母

(b) 向视图(一)

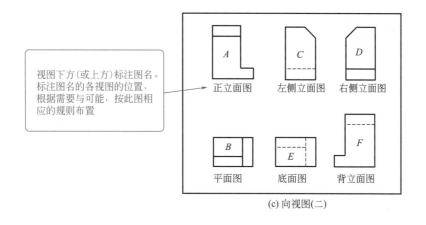

视图下方(或上方)标注图名。标注图名的各视图的位置，根据需要与可能，按此图相应的规则布置

A	C	D
正立面图	左侧立面图	右侧立面图
B	E	F
平面图	底面图	背立面图

(c) 向视图(二)

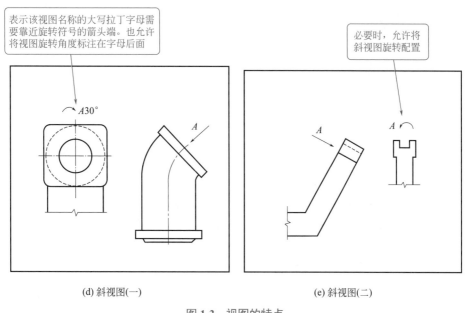

表示该视图名称的大写拉丁字母需要靠近旋转符号的箭头端。也允许将视图旋转角度标注在字母后面

必要时，允许将斜视图旋转配置

(d) 斜视图(一)　　　　　　(e) 斜视图(二)

图1-3　视图的特点

拓 展

　　实际中，同一张图纸上绘制若干视图时，各视图的位置要根据视图的逻辑关系与版面美观性综合来考虑。

1.1.3　点、线、面正投影的基本特性

　　建筑室内装饰装修的视图，基本上是点、线、面、体的投影。因此，点、线、面、体的投影基本特性，构成了视图的特点。

　　点、线、面正投影的基本特性见表1-4。

表1-4 点、线、面正投影的基本特性

名称	基本特性
点	（1）点的投影仍是点 （2）若点在直线上，则该点的投影必定在直线的投影上，投影结果仍保留其原有从属关系不变。点的投影示意图如下 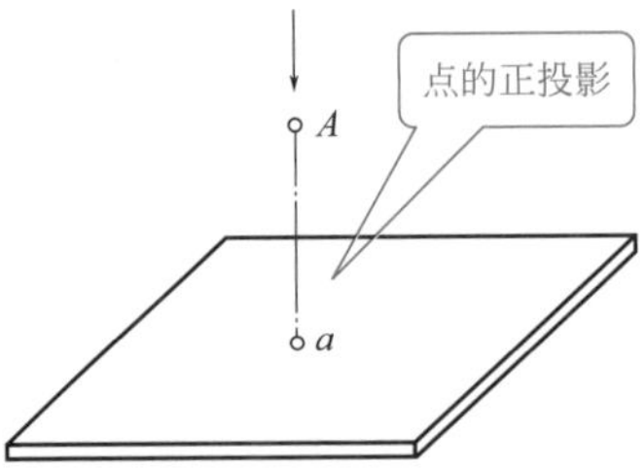
直线	（1）直线的投影一般情况下仍是直线，投影结果仍保留其原有几何元素的特性 （2）平行于投射线的空间直线，其投影积聚为一个点 （3）平行于投射线的平面，其投影积聚为一条直线 （4）空间平行的两条直线的投影仍保持互相平行的关系 直线投影示意图如下 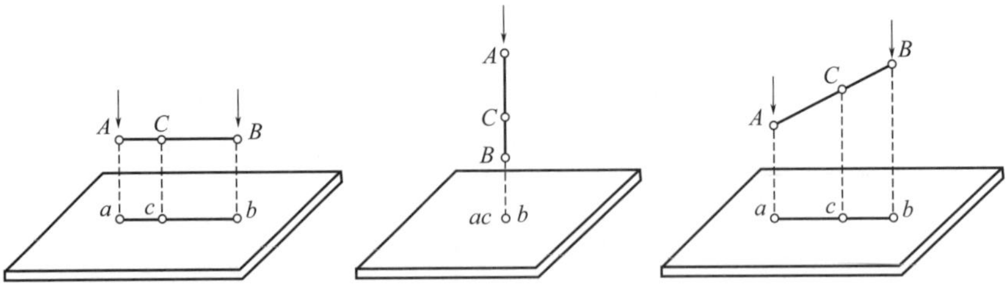
平面形	当空间的平面图形平行于投影面时，其投影反映空间平面图形的真实形状、大小。另外，平面图形还有其他情形的投影，具体如下图所示 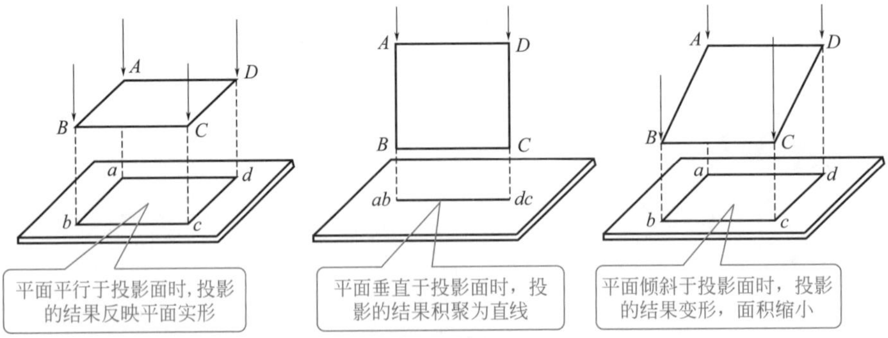

1.1.4 常见的装饰图

装饰装修图，简称装修图、装饰图。广义上的装饰装修图，就是与装饰装修有关的图；狭义上的装饰装修图，就是与装饰装修专业有关的图。

常见家装图的类型见表1-5。

表1-5　常见家装图的类型

项目	类　型
风格	现代简约装修图、田园时尚装修图、温馨典雅装修图、古典装修图、中式装修图、地中海装修图、东南亚装修图、韩式装修图、美式装修图、日式装修图、欧式装修图、希腊装修图、北欧装修图、西班牙装修图、意大利装修图、墨西哥装修图、豪华装修图、清新装修图、艺术装修图、简装装修图、复古装修图、另类装修图、混搭装修图等
功能	客厅装修图、卧室装修图、卫生间装修图、书房装修图、餐厅装修图、厨房装修图、阳台装修图、衣帽间装修图、休息室装修图、洗衣间装修图、化妆间装修图、健身房装修图、工作间装修图、玄关装修图、过道装修图、老人房装修图、儿童房装修图、花园装修图、地下室装修图、新婚房装修图等
构件	地面装修图、门窗装修图、窗格装修图、窗帘装修图、吊顶装修图、地台装修图、阁楼装修图、隔断装修图、面板装修图、石材装修图、鞋柜装修图、床具装修图、家居饰品装修图、梳妆台装修图、餐桌装修图、楼梯装修图、灯具装修图、茶几装修图、书架装修图、衣柜装修图、淋浴房装修图、储物柜装修图、写字台装修图、电视墙装修图、装饰墙装修图、墙绘装修图、照片墙装修图、榻榻米装修图、橱柜装修图、飘窗装修图、浴缸装修图、壁橱装修图、沙发装修图、壁炉装修图、搁架装修图、博古架装修图、洗手池装修图、宠物角装修图、茶点桌装修图、古典家具装修图、吧台装修图、酒架装修图、马桶装修图、升降台装修图、木饰装修图、手绘家具装修图、盆栽植物装修图、绿植装修图等
户型	小户型装修图、中户型装修图、大户型装修图、单身公寓装修图、复式装修图、别墅装修图、楼中楼装修图等
颜色	暖色（红色、橙色、黄色）装修图、冷色（紫色、蓝色、绿色）装修图、中性色（黑色、白色、灰色）装修图等
属性	效果装修图、实景装修图、平面装修图、外观装修图、施工装修图

建筑室内装饰图的特点见表1-6。

图1-6　建筑室内装饰图的特点

名称	解　释
平面图	平面图描绘的是建筑室内整体或局部的空间规划，展示的是从上向下的俯视效果，具体体现的是具体建筑室内房屋内部设施摆放的位置、大小、地面的处理等特征 平面图种类有总平面图、基础平面图、楼板平面图、屋顶平面图、吊顶仰视图等
总平面图	在房屋建筑室内装饰装修中，表示需要设计的平面与所在楼层平面或环境的总体关系的图
综合布点图	在房屋建筑室内装饰装修中，为协调顶棚装饰装修造型与设备设施的位置关系，而将顶棚中所有明装和暗藏设备设施的位置、尺寸与顶棚造型的位置、尺寸综合表示在一起的图
展开图	在房屋建筑室内装饰装修设计中，对于正投影难以表明准确尺寸的呈弧形或异形的平面图形，将其平面展开为直线平面后绘制的图
剖视图	在房屋建筑室内装饰装修设计中表达物体内部形态的图样。它是假想用一个剖切面（平面或曲面）剖开物体，将处在观察者和剖切面之间的部分移去后，剩余部分向投影面上投射得到的正投影图。剖面图可以分为全剖图、半剖图、阶梯剖图、局部剖图、分层局部剖图
断面图	假想用剖切面剖开物体后，仅画出物体与该剖切面接触部分的正投影而得到的图形
详图	在工程制图中对物体的细部或构件、配件用较大的比例将其形状、大小、材料和做法详细表示出来的图样，在房屋建筑室内装饰装修设计中指表现细部形态的图样，又称"大样图"。零配件详图与构造详图一般是按直接正投影法绘制的
顶视图	顶视图是对房屋建筑室内天花板的一种从下向上的仰视效果，视角是仰视的。顶视图主要包括房屋建筑室内吊顶的形状、照明的位置、照明的种类、顶面的造型等

续表

名称	解 释
立面图	立面图是描绘从平视的角度看到房屋建筑室内整体及局部的景观。立面图中可以看到门、窗、柜等的位置以及尺寸、墙面布置等。立面图除了标有尺寸、材质外，还应对展示的装修工程所采取的施工工艺注释清楚
节点图	节点图是指某一结构交叉点，用视图很难表达出来，在一张图纸上或另一张图纸上将其放大，表现出各结构点之间的关系的一种图

家装装饰常见的图有：原结构平面尺寸图、改造平面布置尺寸图、平面布置图、天花布置图、地面布置图、强电平面位置图、弱电平面布置图、给排水平面布置图、立面施工图、内部结构施工图、隔断施工图、结构施工图、剖面图等。

施工装修图，也就是施工图。装修施工图，是房屋施工时的基础与指导。装饰施工图的类型见表1-7。

表1-7 装饰施工图的类型

类型	施工图
基本图	装饰平面图
	装饰立面图
	装饰剖面图
详图	装饰节点详图
	装饰构配件详图

1.1.5 建筑室内结构的常见术语解释

进深、开间等术语，在建筑室内结构中，尤其是在家装中，经常提到。这些术语的解释见表1-8。

表1-8 建筑室内结构的常用术语解释

名称	解 释
进深	进深就是在平面图上，沿着楼房轴线垂直方向上的房间的尺寸大小
开间	开间就是在平面图上，沿着楼房轴线平行方向上的房间的尺寸大小
轴线	一般情况，以对称形式，在土建上，24墙以内的任何墙体一般都是以墙体的中心为轴线
洞口	洞口就是在设计有门窗套等情况下需要预先设置的孔洞

1.2 制图软件与制图基础知识

1.2.1 装饰图的制作软件

装饰图的制作软件比较多，一般根据个人爱好与需要来选择软件。常见的装饰图软件如

图 1-4 所示。

室内设计平面图、立面图、轴测图、节点图、大样图等全套施工图，往往是采用 Auto CAD 软件绘制的。

无论是绘制装饰图，还是识读装饰图，需要遵守一些标准中的要求与软件绘图特点。

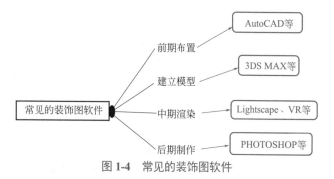

图 1-4 常见的装饰图软件

1.2.2 制图软件参数

有的装饰装修制图软件，提供了简单房屋有关参数，通过不同的参数，可以得到不同信息的装饰装修图。对于识图而言，也就是要能够读懂装饰装修图的这些参数。对于制图而言，也就是要能够绘出、绘准装饰装修图的这些参数。

某款装饰装修制图软件，其简单房屋的有关参数如图 1-5 所示。

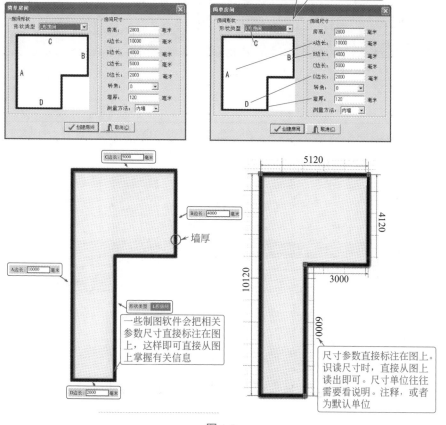

图 1-5

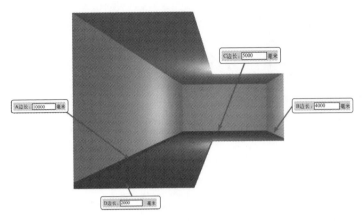

图 1-5　某款装饰装修制图软件简单房屋的有关参数

1.2.3　装饰装修图纸幅面

通过上面的初步制图可以发现，装饰装修图纸的制作还会涉及图纸幅面大小、线条粗细、尺寸长短等要求。其实，这些要求均是制图和识图的基础。

房屋建筑室内装饰装修图纸幅面、图框尺寸要求见表 1-9。房屋建筑室内装饰装修图纸幅面图例如图 1-6 所示。

表 1-9　房屋建筑室内装饰装修图纸幅面、图框尺寸要求

尺寸代号	幅面代号				
	A0	A1	A2	A3	A4
$b \times l$/mm×mm	841×1189	594×841	420×594	297×420	210×297
c/mm	10			5	
a/mm	25				

注：b 表示幅面短边尺寸；l 表示幅面长边尺寸；c 表示图框线与幅面线间宽度；a 表示图框线与装订边间宽度。

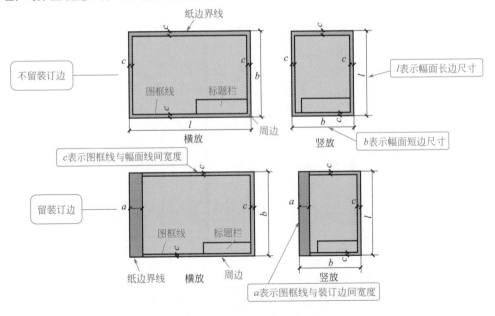

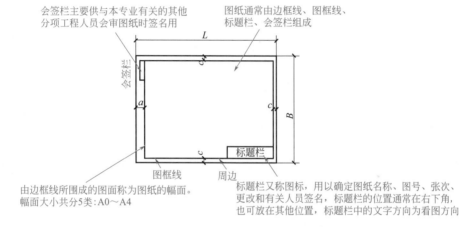

图幅分区后等于建立了一个坐标，分区代号用该区域的字母和数字表示，如B3，也可用行(如A、B)或列(如1、2)表示

每个分区内的横边方向用阿拉伯数字编号

每个分区内的竖边方向用大写拉丁字母编号

图幅分区的方法是将图纸相互垂直的两边各自加以等分，分区数为偶数

会签栏主要供与本专业有关的其他分项工程人员会审图纸时签名用

图纸通常由边框线、图框线、标题栏、会签栏组成

由边框线所围成的图面称为图纸的幅面。幅面大小共分5类：A0～A4

图框线　　周边

标题栏又称图标，用以确定图纸名称、图号、张次、更改和有关人员签名，标题栏的位置通常在右下角，也可放在其他位置，标题栏中的文字方向为看图方向

图1-6　房屋建筑室内装饰装修图纸幅面图例

图纸的短边尺寸一般不应加长，A0～A3幅面长边尺寸可加长，但是要求符合表1-10的有关规定。特殊需要的图纸，也可以采用 $b \times l$ 为841mm×891mm、1189mm×1261mm 的幅面。

表1-10　A0～A3幅面长边尺寸可加长要求

幅面代号	长边尺寸/mm	长边加长后的尺寸/mm								
A0	1189	1486 (A0+1/4l)		1783 (A0+1/2l)		2080 (A0+3/4l)		2378 (A0+l)		
A1	841	1051 (A1+1/4l)	1261 (A1+1/2l)	1471 (A1+3/4l)	1682 (A1+l)	1892 (A1+5/4l)		2102 (A1+3/2l)		
A2	594	743 (A2+1/4l)	891 (A2+1/2l)	1041 (A2+3/4l)	1189 (A2+l)	1338 (A2+5/4l)	1486 (A2+3/2l)	1635 (A2+7/4l)	1783 (A2+2l)	1932 (A2+9/4l)	2080 (A2+5/2l)
A3	420	630 (A3+1/2l)	841 (A3+l)	1051 (A3+3/2l)	1261 (A3+2l)	1471 (A3+5/2l)	1682 (A3+3l)	1892 (A3+7/2l)		

小 结

各幅面的表示及它们间的关系如图 1-7 所示。

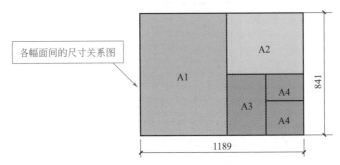

图 1-7　各幅面的表示及它们间的关系

扫码看视频

图纸的标题栏

1.2.4　图纸的标题栏、会签栏与装订边

图纸的标题栏、会签栏与装订边的要求与特点如图 1-8 所示。

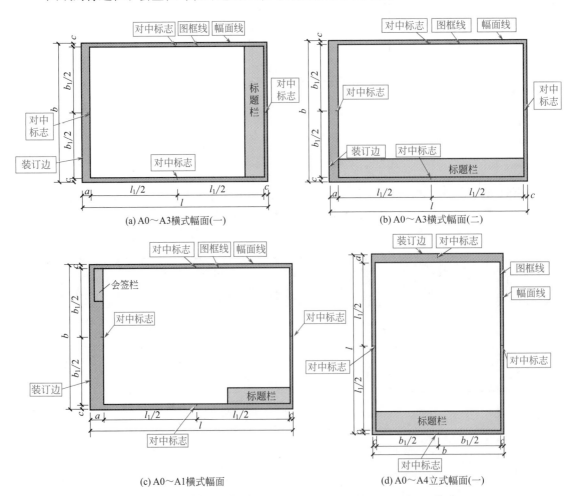

(a) A0～A3横式幅面(一)

(b) A0～A3横式幅面(二)

(c) A0～A1横式幅面

(d) A0～A4立式幅面(一)

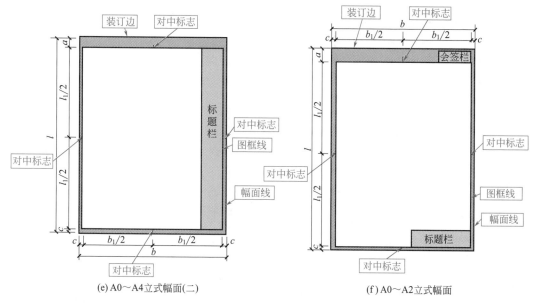

(e) A0～A4立式幅面(二)　　　　　　　(f) A0～A2立式幅面

图 1-8　图纸的标题栏、会签栏与装订边的要求与特点

图纸的标题栏一般是根据工程需要选择其尺寸、格式和分区的。图纸的签字区一般包含实名列、签名列。另外，有的图纸采用的是电子签名。

常见的图纸标题栏的布局图例如图 1-9 所示。

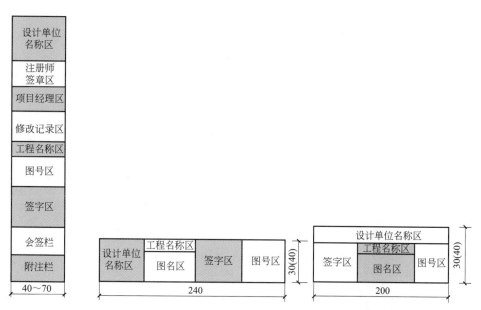

图 1-9　常见的图纸标题栏的布局图例

签字区布局图例如图 1-10 所示。

(专业)	(实名)	(签名)	(日期)	
				5
				5
				5
				5

25　25　25　25
100

图 1-10　签字区布局图例

1.2.5　图线与线型

　　图线就是起点与终点间以任意方式连接的一种几何图形。图线的形状，可以是直线、曲线、连续线、不连续线等种类。图线的起点与终点可以重合。

　　建筑技术制图中的点的定义就是图线的长度小于或等于图线宽度的一半。

　　建筑技术制图中的线素的定义就是不连续线的独立部分，例如点、长度不同的划与间隔等均属于线素。

　　建筑技术制图中的线段的定义就是一个或一个以上不同线素组成一段连续的或不连续的图线。

　　基本线型图例如图 1-11 所示。有些图纸，因在图形中绘制存在困难，可能会出现用实线代替单点长划线或双点长划线等特殊情况。

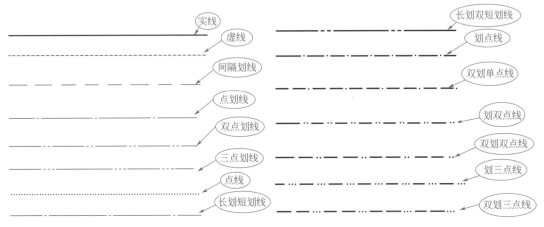

图 1-11　基本线型图例

　　Auto CAD 软件中的线型操作：格式→线型（N）→线型管理器，如图 1-12 所示。从软件中，就可以看到许多线型与外观。

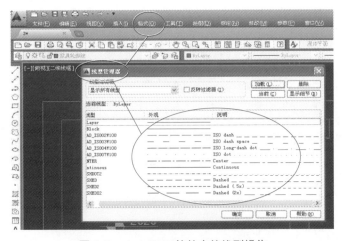

图 1-12　AutoCAD 软件中的线型操作

1.2.6　线宽

图纸中的线宽一般是从规定的线宽系列中选取的，具体是根据图纸的性质、比例等决定采纳的基本线宽与线宽组。

常见的线宽系列有 1.4mm、1.0mm、0.7mm、0.5mm 等。

常见线宽比与相应的线宽组见表 1-11。

表 1-11　常见线宽比与相应的线宽组　　　　单位：mm

线宽比	线宽组			
b	1.4	1.0	0.7	0.5
$0.7b$	1.0	0.7	0.5	0.35
$0.5b$	0.7	0.5	0.35	0.25
$0.25b$	0.35	0.25	0.18	0.13

注：b 表示基本线宽。

如果是微缩的建筑图纸，则一般不采用 0.18mm 与更细的线宽。有的同一张图纸，各不同线宽中的细线，可能是统一采用较细的线宽组的细线。另外，有的同一张图纸内，相同比例的各图样，可能是选用相同的线宽组。

图纸的图框、标题栏线一般采用的线宽见表 1-12。

表 1-12　图纸的图框、标题栏线一般采用的线宽　　　　单位：mm

幅面代号	图框线	标题栏分格线幅面线	标题栏外框线与对中标志线
A0、A1	b	$0.25b$	$0.5b$
A2、A3、A4	b	$0.35b$	$0.7b$

 拓 展

Auto CAD 软件图层中的线宽如图 1-13 所示。

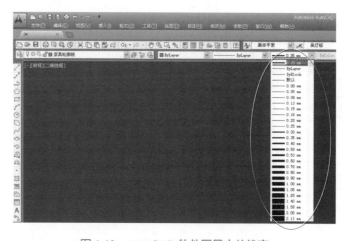

图 1-13　AutoCAD 软件图层中的线宽

绘制线时，应考虑线型+线宽。而线型+线宽，往往适用不同的应用。为此，平时注意训练根据应用来选择线型+线宽。

室内装饰装修制图常用线型+线宽以及适用的应用如图1-14所示。

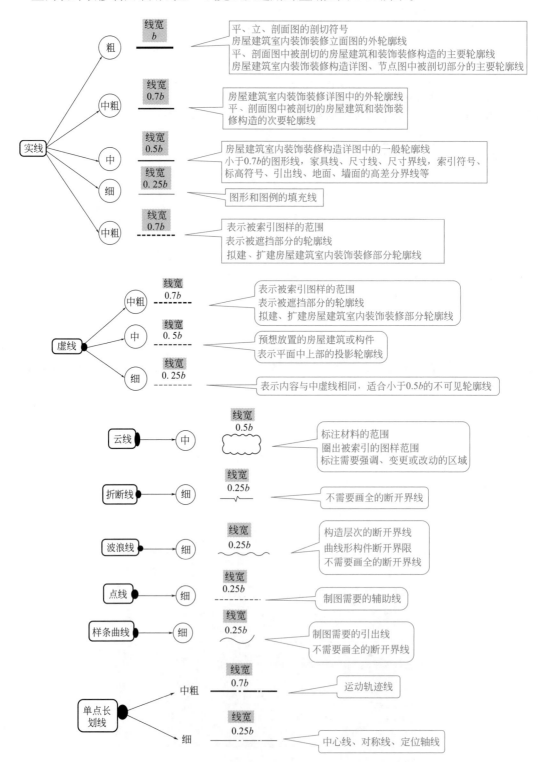

图1-14　室内装饰装修制图常用线型+线宽以及适用的应用

1.2.7　定位轴线

多数情况下，对于绘制线，往往考虑应用＋线型＋线宽。但是，对于有的情况，不但要考虑应用＋线型＋线宽，还需要考虑功能＋符号＋编号等要素。其中，定位轴线就属于这种"有的情况"。

有的建筑图的主要承重构件（墙、柱、梁）的线、主要结构位置均需要采用定位轴线来确定基准位置。通俗地讲，定位轴线就是"定位"＋"轴线"，二合一。定位，自然就是确定位置。轴线，"象形"地理解，就是参照线，并且是为主体元素定位的参照线。

定位线之间的距离，一般需要符合模数尺寸。除定位轴线以外的网格线称为定位线。定位线比定位轴线少一个字，需要注意。

定位线可以用来确定模数化构件尺寸。模数化网格，可以采用单轴线定位、双轴线定位或两者兼用定位。定位轴线上往往具有编号，并且编号是有要求的与有规律的。这些要求与规律，是制图、识图、看图、用图的基础。

定位轴线编号的要求与规律如下。

① 图样的下方与左侧，横向编号一般是用阿拉伯数字按从左到右顺序编写的。竖向编号一般是用大写拉丁字母按从下到上顺序编写的。

② 有的图纸因字母数量不够，采用了双字母、单字母加数字注脚等形式表示编号。

③ 有的组合较复杂的平面图中定位轴线采用了分区编号。该类编号的注写形式一般为"分区号——该分区定位轴线编号"。该类编号的分区号一般是采用阿拉伯数字或大写拉丁字母表示的。多子项的定位轴线的编号，有的采用"子项号——该子项定位轴线编号"，其中子项号一般采用大写英文字母或者阿拉伯数字。

④ 附加定位轴线的编号，一般是采用分数形式表示的，并且两根轴线间的附加轴线，一般以分母表示前一轴线的编号，分子表示附加轴线的编号，编号是根据阿拉伯数字顺序编写的。1号轴线之前的附加定位轴线的分母，一般采用01表示。A号轴线之前的附加定位轴线的分母，一般采用0A表示。附加定位轴线的编号如图1-15所示。

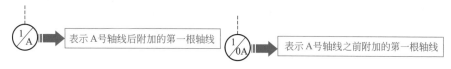

图 1-15　附加定位轴线的编号

定位轴线编号制图、识读图例图解如图1-16所示。

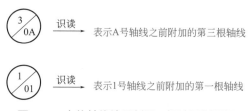

图 1-16　定位轴线编号制图、识读图例图解

⑤ 看到I、O、Z的编号，往往不是定位轴线编号，因为一般不用拉丁字母I、O、Z做定位轴线编号。

⑥ 通用详图中的定位轴线，一般只有圆，没有轴线编号。

⑦ 圆形平面图中定位轴线的编号，径向轴线一般是根据逆时针顺序从左下角开始用阿拉伯数字编写。圆周轴线一般是从外向内用大写拉丁字母顺序编写的。

定位轴线特点的制图、识读图例图解如图 1-17 所示。

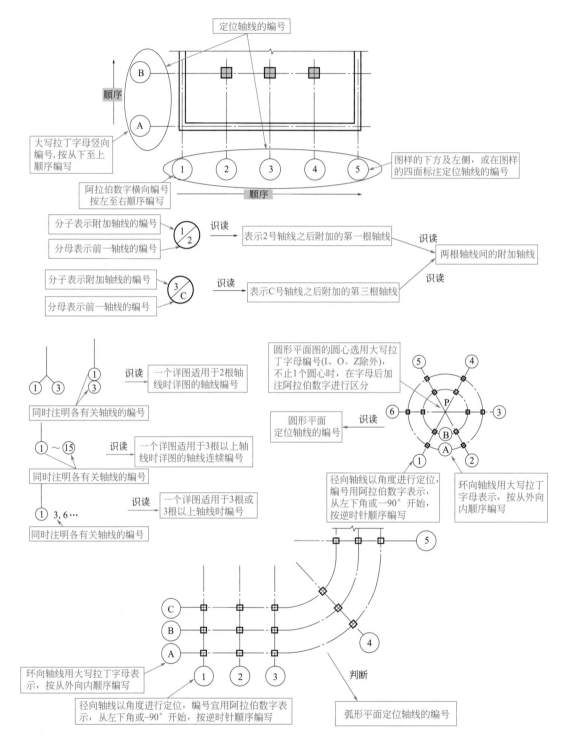

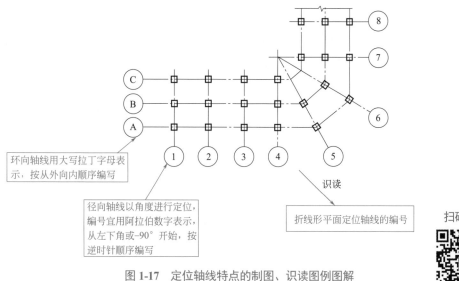

环向轴线用大写拉丁字母表示，按从外向内顺序编写

径向轴线以角度进行定位，编号宜用阿拉伯数字表示，从左下角或-90°开始，按逆时针顺序编写

识读

折线形平面定位轴线的编号

扫码看视频

定位轴线

图 1-17　定位轴线特点的制图、识读图例图解

【举例】　识读实例的定位轴线如图 1-18 所示。

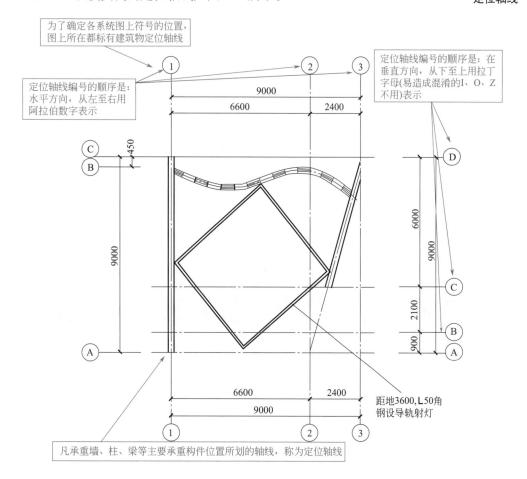

为了确定各系统图上符号的位置，图上所在都标有建筑物定位轴线

定位轴线编号的顺序是：水平方向，从左至右用阿拉伯数字表示

定位轴线编号的顺序是：在垂直方向，从下至上用拉丁字母(易造成混淆的I、O、Z不用)表示

距地3600,L50角钢设导轨射灯

凡承重墙、柱、梁等主要承重构件位置所划的轴线，称为定位轴线

图 1-18　识读实例的定位轴线

1.2.8　比例（尺）

比例就是指将某一图形或物体各个方向按照同一比例进行放大或缩小，这个缩放比例就是比例（尺）。图的比例大小是指其比值的大小，例如 1 ： 100 大于 1 ： 200。比例的类型如图 1-19 所示。

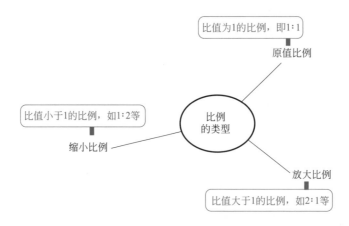

图 1-19　比例的类型

 小　结

判断比例是缩小比例还是放大比例的技巧：把比例换成分数形式，然后分子除以分母，比值小于 1 的为缩小比例，比值大于 1 的为放大比例。或者比较分子、分母数值，分子比分母数值大的，则为放大比例；分子比分母数值小的，则为缩小比例。比例的形式，就是比较比号前后的数值。比号前面的数值比比号后面的数值大的，则为放大比例；比号前面的数值比比号后面的数值小的，则为缩小比例。

室内装饰装修图样的比例可以根据图样用途、被绘对象的复杂程度来选取。常用比例有 1 ： 1、1 ： 2、1 ： 5、1 ： 10、1 ： 15、1 ： 20、1 ： 25、1 ： 30、1 ： 40、1 ： 50、1 ： 75、1 ： 100、1 ： 150、1 ： 200 等。室内装饰装修同一图纸中的图样，可以选用不同的比例。

装饰图常选的比例见表 1-13。

表 1-13　装饰图常选的比例

名　　称	比　　例
建筑物或构筑物的平面图、立面图、剖面图	1 ： 50、1 ： 100、1 ： 150、1 ： 200、1 ： 300
建筑物或构筑物的局部放大图	1 ： 10、1 ： 20、1 ： 25、1 ： 30、1 ： 50
配件及构造详图	1 ： 1、1 ： 2、1 ： 5、1 ： 10、1 ： 15、1 ： 20、1 ： 25、1 ： 30、1 ： 50

室内装饰装修图的比例，一般是图形与实物相对应的线性尺寸之比。图的比例大小，一般是指其比值的大小。比例中的"："是比例符号，并且比例符号两边的数字一般采用的是阿拉伯数字。

室内装饰装修图的比例一般注写在图名的右侧，并且字的基准线是取平的，比例中的字高一般比图名的字高小一号或小二号，比例图例如图1-20所示。

特殊情况下也可以自选比例，此时除了应注出绘图比例外，还需要在适当位置绘制出相应的比例（尺）。需要缩微的图纸，也需要绘制比例（尺）。

图1-20　比例图例

房屋建筑室内装饰装修绘图所用的比例，可以根据设计的不同部位、不同阶段的图纸内容、要求进行选择，并且需要符合如图1-21所示的规定。

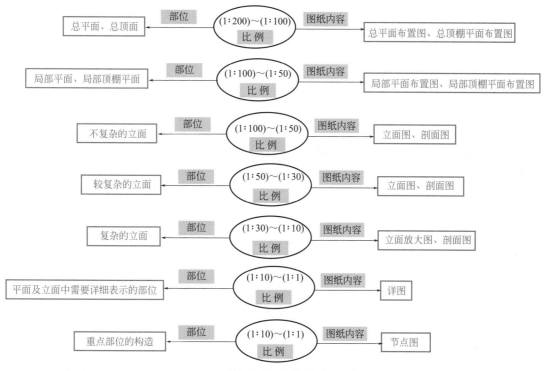

图1-21　装饰装修绘图所用的比例规定

不同比例的平面图、剖面图、地面材料图例的省略画法的一些规定见表1-14。

表1-14　不同比例的平面图、剖面图、地面材料图例的省略画法的一些规定

比例	解释
大于1∶50	比例大于1∶50的平面图、剖面图应画出抹灰层与楼地面屋面的面层线，并宜画出材料图例
等于1∶50	比例等于1∶50的平面图、剖面图宜画出楼地面屋面的面层线，抹灰层的面层线应根据需要而定

比例	解　释
小于 1∶50	比例小于 1∶50 的平面图、剖面图可不画出抹灰层，但宜画出楼地面屋面的面层线
（1∶100）～（1∶200）	比例为（1∶100）～（1∶200）的平面图、剖面图可画简化的材料图例，如砌体墙涂红、钢筋混凝土涂黑等，但宜画出楼地面屋面的面层线
小于 1∶200	比例小于 1∶200 的平面图、剖面图可不画材料图例，剖面图的楼地面屋面的面层线可不画出

1.2.9　图上文字

图，不仅只有图与线，有的图上还有文字，作为必要的补充、说明与提示。图上文字，不像文章那样会"长篇大论"。图上文字，可谓"惜墨如金"。正因为图上文字"一字千金"，所以制图、识读时对文字要重视。

谈到文字，往往会涉及其类型、书写、排列等要求。一般要求图上书写的文字、数字、符号均需要笔画清晰、字体端正、排列整齐。图上文字包括标点符号，也要求清楚正确。文字、数字、符号一般要求不得与图线重叠、混淆。如果不可避免重叠、混淆时，一般是先保证文字等的清晰。为此，在制图、识图时遇到该情况，应注意文字优先原则。

一般图采用的文字字高见表 1-15。图文字的字高大于 10mm，一般采用的是"True type"字体。如果图文字的字高更大，则一般是其高度的 $\sqrt{2}$ 倍递增的。

表 1-15　一般图采用的文字字高　　　　　　　单位：mm

字体种类	汉字矢量字体	"True type"字体及非汉字矢量字体
字高	3.5、5、7、10、14、20	3、4、6、8、10、14、20

图样、说明中的汉字，一般是采用"True type"字体中的宋体。图样、说明中的汉字，如果是矢量字体，则一般采用长仿宋体，长仿宋体宽度与高度的关系应符合表 1-16 的规定。采用长仿宋体的高宽比，一般是 0.7。采用"True type"字体的高宽比，一般是 1。

表 1-16　长仿宋体宽度与高度的关系　　　　　　　单位：mm

字高	3.5	5	7	10	11	20
字宽	2.5	3.5	5	7	10	14

图册封面、大标题等的汉字，有的图可能是书写高宽比是 1 的其他字体的情况。图样、说明中的字母、数字，一般的图采用的是"True type"字体中的"Roman"字型。

图中斜体字的拉丁字母、阿拉伯数字、罗马数字，其斜度一般是从字的底线逆时针向上倾斜 75°，并且斜体字的高度与宽度一般也是与相应的直体字相等，字高一般不小于 2.5mm。正体字与斜体字的比较如图 1-22 所示。

图中数量的数值一般采用的是正体阿拉伯数字。前面有量值的各种计量单位，一般采用的是国家颁布的单位符号注写，并且单位符号采用正体字母。图中数量的数值与计量单位的注写要求如图 1-23 所示。

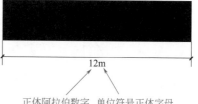

123　　*123*

图1-22　正体字与斜体字的比较

图1-23　图中数量的数值与计量单位的注写要求

图中的分数、百分数、比例数注写，一般采用阿拉伯数字、数学符号，一般不采用诸如百分之三十五、五分之三、三比一百等文字表述形式，其注写要求如图1-24所示。

图中注写的数字小于1时，一般会注写出个位的"0"，并且小数点一般采用的是圆点，齐基准线注写。

一般**不采用**	一般**采用**
百分之三十五	35%
五分之三	3/5
三比一百	3：100

图1-24　分数、百分数、比例数注写要求

1.2.10　引出线

引出线，通俗地讲就是起引出作用的线。引出线是建筑图中为了标注尺寸、说明文字等需要而单独绘制的线段。引出线起止符号，可以采用圆点绘制，也可以采用箭头绘制。但是，需要注意起止符号的大小需要与其图样尺寸的比例相协调，如图1-25所示。

图1-25　起止符号图例图解

引出线的特点图例图解如图1-26所示。

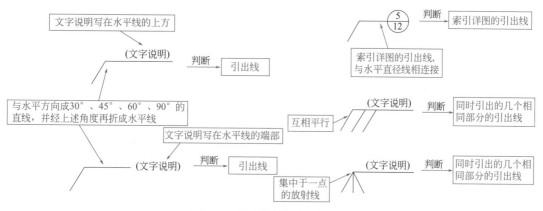

图1-26　引出线的特点图例图解

许多建筑图中，有多层引出线。例如多层构造共用引出线、多层管道共用引出线等。识读该类引出线，需要能够判断出不同层对应的文字说明。多层构造引出线的特点图例图解如图1-27所示。

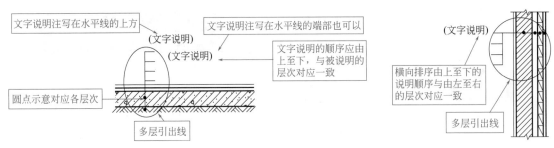

图 1-27　多层构造引出线的特点图例图解

1.2.11　对称符号

对称，就是图形或物体相对的两边各部分，在大小、形状、距离、排列等方面一一相当，即物体相同部分有规律地重复。

对称符号，通俗地讲就是表示对称提示的符号。当建筑施工图中的图形完全对称时，可以只画出该图形的一半。为此，建筑施工图中应用了对称符号。对称符号的种类：符号、英文缩写等。

两对平行线对称符号一般由对称线、两端的两对平行线组成。对称符号中的对称线一般采用单点长划线。对称符号中的平行线一般采用实线，其长度为 6～10mm，每对的间距为 2～3mm。

对称符号中的对称线垂直平分于两对平行线，并且两端一般超出平行线 2～3mm。

两对平行线对称符号的特点图例图解如图 1-28 所示。

采用英文缩写作为分中符号时，大写英文"CL"置于对称线一端，如图 1-29 所示。绝对对称符号图例图解如图 1-30 所示。

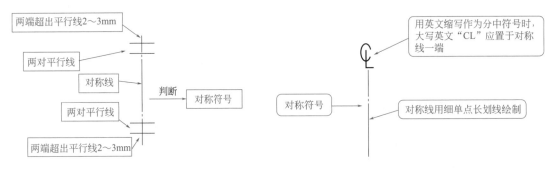

图 1-28　两对平行线对称符号的特点图例图解　　　　图 1-29　英文缩写作为分中符号图例图解

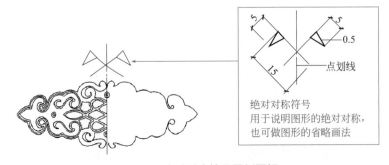

图 1-30　绝对对称符号图例图解

1.2.12 连接符号

连接符号，通俗地讲就是表示连接提示的符号。建筑施工图中有的构件具有一定的变化规律，可以断开绘制，为此需要在断开处应用连接符号。

连接符号一般采用折断线来表示需连接的部位。如果连接的两个部位相距过远，则许多图会在折断线两端靠图样一侧标注大写英文字母表示连接编号。两个被连接的图样一般会采用相同的字母编号。连接符号的特点图例图解如图 1-31 所示。

连接符号，也有采用波浪线表示需连接部位的情况，如图 1-32 所示。

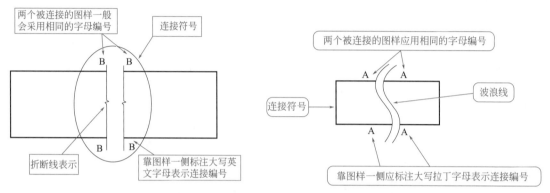

图 1-31 连接符号的特点图例图解   图 1-32 采用波浪线表示需连接部位的图例图解

1.2.13 转角符号

转角，也就是拐弯处。转角符号，通俗地讲就是起转角提示的符号。立面的转折，一般需要用转角符号来表示，转角符号需要以垂直线连接两端交叉线＋角度符号来表示，如图 1-33 所示。

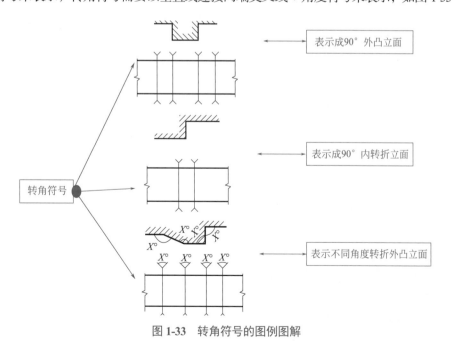

图 1-33 转角符号的图例图解

1.2.14　剖切符号

将图缩小，有时可以便于制图、识图；反过来，将图放大，有时也可以便于制图、识图。

建筑图中需要表达的细节地方有很多，为此，建筑图常需要借助"剖切"才能够达到表述清晰、完整的效果。建筑图中，哪些地方采用了"剖切"，可以通过看剖切符号等得知。也就是说，制图时，剖切的地方应绘制剖切符号。

识读剖切符号，主要把握图中哪个是剖切符号，以及掌握剖切符号表达的剖切方向、剖切区域与剖切详图。也就是说，制图时，应用剖切符号时要考虑：剖切位置＋剖切方向＋剖切表示＋剖切详图。

剖切符号的特点与要求如下。

① 剖切符号一般是成对出现，这样便于掌握剖切始点节点与剖切终点节点。剖切符号，一般优先选择国际通用方法表示的，也可以采用常用方法表示的，如图1-34所示。但是，同一套装修图纸需要选用同一种表示方法。

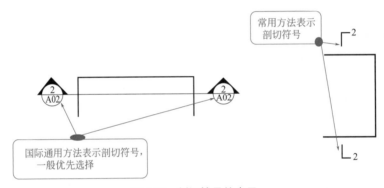

图1-34　剖切符号的表示

② 剖切符号一般由剖切位置线、投射方向线组成，并且一般是用粗实线绘制的。

③ 剖切位置线的长度一般为 6 ～ 10mm。投射方向线的长度一般为 4 ～ 6mm，也就是短于剖切位置线。投射方向线一般垂直于剖切位置线，如图1-35所示。

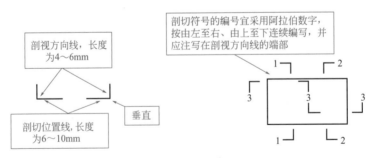

图1-35　剖切符号的解读

④ 剖切符号一般不会与其他图线相接触。

⑤ 若图中有多个剖切符号，一般会采用阿拉伯数字由左到右、由下到上连续编排，并且其注写在剖视方向线的端部位置。

⑥ 图上需要转折的剖切位置线，一般会在转角的外侧加注与该符号相同的编号。

⑦ 建（构）筑物剖面图的剖切符号，一般标注在 ±0.00 标高的平面图上。

常见剖切符号图例图解如图 1-36 所示。

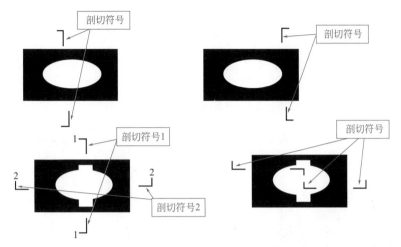

图 1-36　常见剖切符号图例图解

采用国际通用剖视表示方法时，剖面、断面的剖切符号的特点与要求如下。

① 断面、剖视详图剖切符号的索引符号，要位于平面图外侧一端，另一端为剖视方向线，长度一般为 7 ～ 9mm，宽度一般为 2mm。

② 剖切符号的编号一般由左到右、由下向上连续编排。

③ 剖面剖切索引符号，一般由直径为 8 ～ 10mm 的圆 + 水平直径 + 两条相互垂直且外切圆的线段组成。

④ 剖面剖切索引符号水平直径上方为索引编号，下方为图纸编号。

⑤ 剖面剖切索引符号线段与圆间，一般要填充黑色并形成箭头表示剖视方向。索引符号要位于剖线两端。

⑥ 剖切线与符号线线宽为 0.25b。

⑦ 需要转折的剖切位置线要连续绘制。

⑧ 剖切符号需要标注在需要表示装饰装修剖面内容的位置上。国际通用剖切符号图例图解如图 1-37 所示。

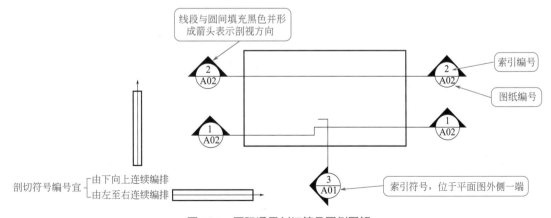

图 1-37　国际通用剖切符号图例图解

1.2.15 剖面区域的表示——阴影与调色

剖面区域可以采用阴影与调色来表示。对于识图而言，也就是说，看到阴影与调色的地方，意味着该处可能是"剖面区域"。对于制图而言，也就是说，绘制剖面区域，可以选择阴影与调色来表示。

剖面区域的阴影，可以是一个带点的图案，也可以是一个全色。带点的图案的点间距需要根据底纹尺寸按比例来选取。

阴影与调色表示剖面区域图例如图 1-38 所示。

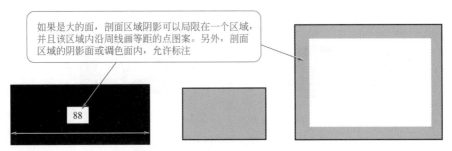

图 1-38　阴影与调色表示剖面区域图例

1.2.16 剖面区域表示——剖面线

剖面区域可以采用剖面线来表示。对于识图而言，也就是说，看到剖面线的地方，意味着该处是"剖面区域"。对于制图而言，也就是说，绘制剖面区域，可以选择剖面线来表示剖面区域。

剖面线一般采用细实线来绘制，剖面线的要求与特点如图 1-39 所示。剖面线的间距一般要与剖面尺寸的比例相一致。

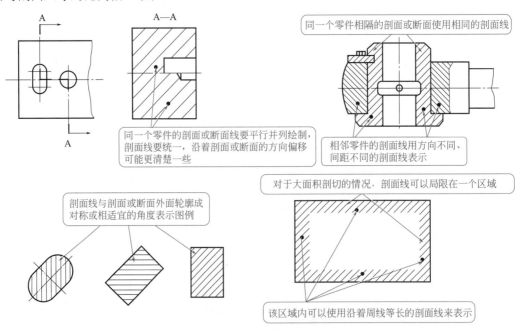

图 1-39　剖面线的要求与特点

1.2.17　断面与剖面表示——加粗实轮廓线

断面与剖面区域可以采用加粗实轮廓线来表示。对于识图而言，也就是说，看到加粗实轮廓线的地方，意味着该处可能是"断面与剖面区域"。对于制图而言，也就是说，绘制断面与剖面区域，可以选择加粗实轮廓线来表示断面与剖面。

这里的加粗实轮廓线，实质上重在突出、强调。加粗实轮廓线表示剖面区域图例如图 1-40 所示。

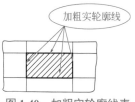

图 1-40　加粗实轮廓线表示剖面区域图例

1.2.18　狭小剖面的表示

狭小剖面可以用完全黑色来表示。该方法表示的狭小剖面，为物体实际的几何形状。完全黑色表示的狭小剖面图例如图 1-41 所示。

相近的狭小剖面也可以用完全黑色来表示。但是，该方法表示的狭小剖面，不表示为实际的几何形状。因此，读图时一定要注意与完全黑色来表示的单一狭小剖面的差异。

绘制相近的狭小剖面时，相邻的剖面间至少要留下 0.7mm 的间距，如图 1-42 所示。

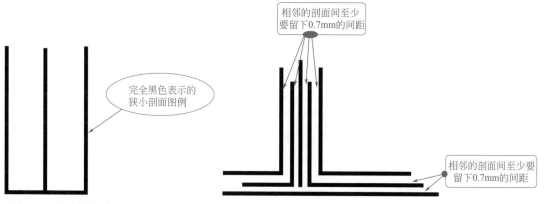

图 1-41　完全黑色表示的狭小剖面图例　　图 1-42　相近的狭小剖面的表示

1.2.19　剖断省略线符号

有的图形存在多余的、不必要的重复元素，为此，采用省略，以便减少冗余，实现简练。

剖断省略线符号主要用于图纸内容的省略、节选等。剖断省略线符号图例图解如图 1-43 所示。

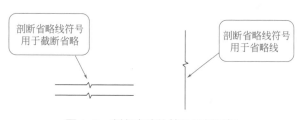

图 1-43　剖断省略线符号图例图解

1.2.20 索引符号

索引符号，通俗地讲就是索引与符号的组合。其中，索引就是"引领检索"。

图纸中某一局部或构件，如果需要另见详图，往往会通过索引符号来索引。根据用途，索引符号可以分为立面索引符号、剖切索引符号、详图索引符号、设备索引符号、部品部件索引符号等种类，如图1-44所示。

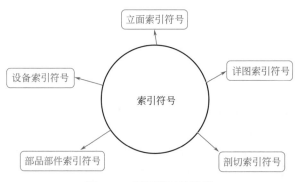

图1-44 索引符号的种类

常见索引符号一般是由直径为 8 ～ 10mm 的圆与水平直径组成的，并且圆与水平线宽一般为 0.25b，其图例图解如图1-45所示。

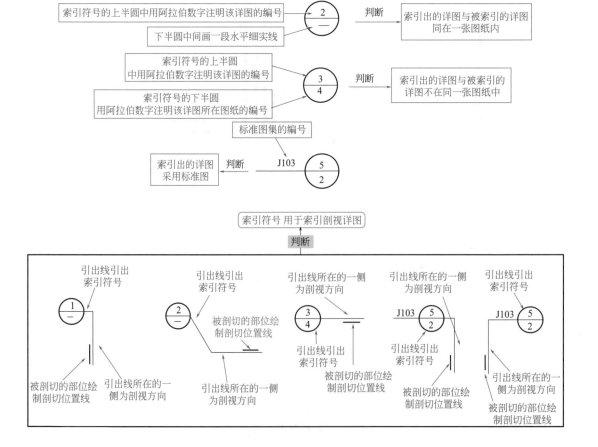

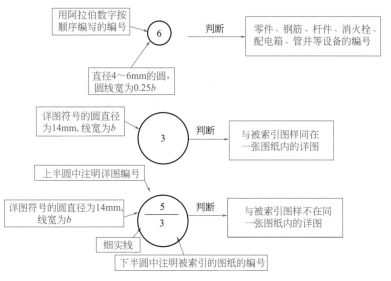

图 1-45　索引符号图例图解

索引图样时，需要用引出圈将被放大的图样范围完整地圈出，以及由引出线连接引出圈、详图索引符号。索引图样图例图解如图 1-46 所示。

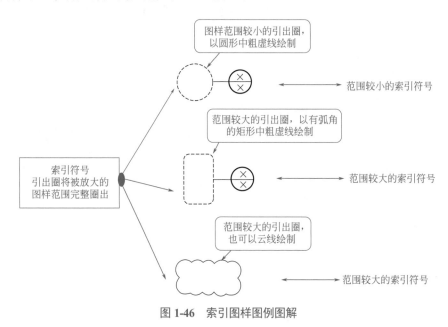

图 1-46　索引图样图例图解

1.2.21　立面索引符号

立面索引符号表示室内立面在平面上的位置、立面图所在图纸编号，所在平面图上使用的一种索引符号。立面索引符号，通俗地理解就是立面索引与符号的组合。

立面索引符号，可以由圆圈、水平直径组成，并且圆圈及水平直径要用细实线绘制。根据图面比例，圆圈直径可选择 8 ～ 10mm。圆圈内要注明编号、索引图所在页码。立面索引符号需要附以三角形箭头，并且三角形箭头方向需要与投射方向一致。圆圈中水平直径、数字及字母（垂直）的方向需要保持不变，其图例图解如图 1-47 所示。

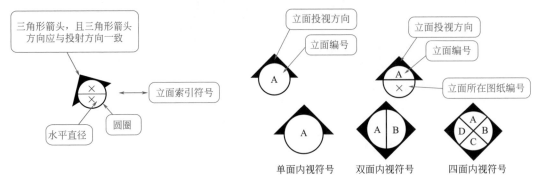

图 1-47　立面索引符号图例图解

1.2.22　剖切索引符号

剖切索引符号，通俗地理解就是剖切索引与符号的组合。

剖切索引符号一般由圆圈、直径组成，并且圆圈、直径需要采用细实线绘制。根据图面比例，圆圈的直径可选择 8 ～ 10mm。圆圈内需要注明编号、索引图所在页码。剖切索引符号需要附三角形箭头，并且三角形箭头方向需要与圆圈中直径、数字、字母（垂直于直径）的方向保持一致，以及需要随投射方向而变，剖切索引符号图例图解如图 1-48 所示。

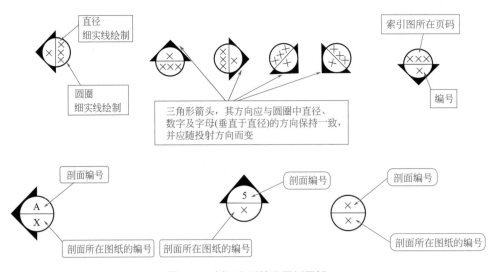

图 1-48　剖切索引符号图例图解

1.2.23　详图索引符号

详图索引符号，通俗地理解就是详图索引与符号的组合。

详图索引符号一般由圆圈、直径组成，并且圆圈、直径需要采用细实线绘制。详图索引符号图例图解如图 1-49 所示。

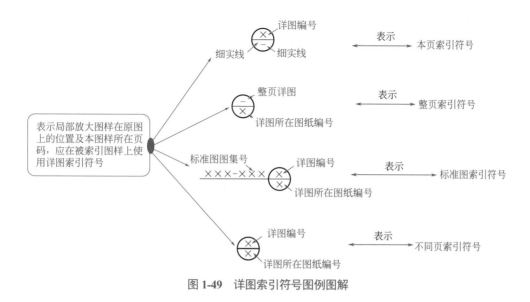

图 1-49　详图索引符号图例图解

【举例】　识读实例的详图如图 1-50 所示。

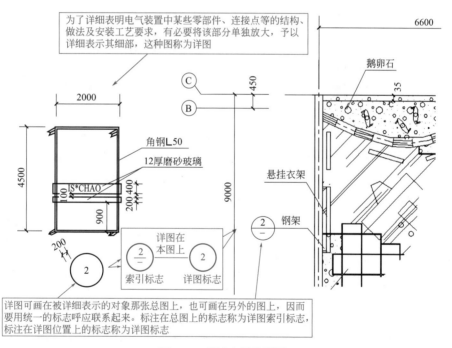

图 1-50　识读实例的详图

1.2.24　设备索引符号

设备索引符号，通俗地理解就是：设备索引与符号的组合。

设备索引符号是表示各类设备（含设备、设施、家具、灯具等）的品种、对应的编号，一般在图样上使用设备索引符号来索引。设备索引符号一般由正六边形、水平内径线组成，并且正六边形、水平内径线要用细实线绘制。根据图面比例，正六边形长轴可以选择 8～12mm。正六边形内需要注明设备编号、设备品种代号，如图 1-51 所示。

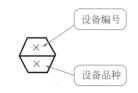

图 1-51　设备索引符号图例图解

1.2.25　指北针

在建筑总平面图、底层建筑平面图上，一般要绘制指北针，用来指明建筑物的朝向。其中，指北针标有 "N" 的方向就是北方。

指北针的特点图例图解如图 1-52 所示。指北针一般需要绘制在房屋建筑室内装饰装修整套图纸的第一张平面图上，并且位于明显位置。

某一软件的常用指北针图例如图 1-53 所示。

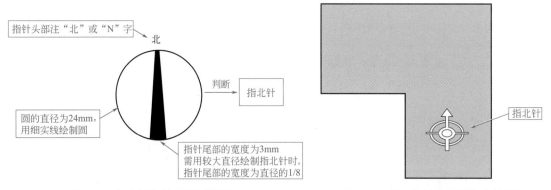

图 1-52　指北针的特点图例图解　　　　　图 1-53　某一软件的常用指北针图例

1.2.26　尺寸界线、尺寸线与尺寸起止符号

装修图中的尺寸很重要。如果尺寸不对，会使造型变样，装配不当，大小问题不断。因此，制图、识图要重视尺寸。

提到尺寸，往往应考虑尺寸界线、尺寸线、尺寸起止符号、尺寸数据、排列等要素。

尺寸界线、尺寸线、尺寸起止符号图例图解如图 1-54 所示。尺寸线一般用细实线绘制，并且与被注长度平行。图样本身的任何图线均不得用作尺寸线。装修图的尺寸起止符号，可用中粗斜短线绘制，也可以用黑色圆点绘制，其直径一般为 1mm。

扫码看视频

尺寸界线、尺寸线与尺寸起止符号

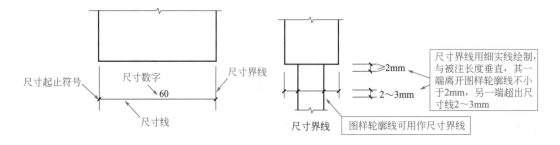

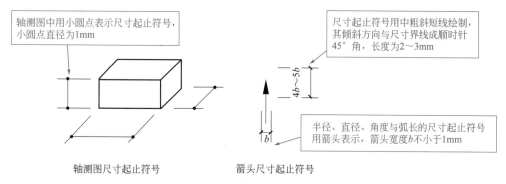

轴测图中用小圆点表示尺寸起止符号，小圆点直径为1mm

尺寸起止符号用中粗斜短线绘制，其倾斜方向与尺寸界线成顺时针45°角，长度为2～3mm

$4b\sim5b$

b

半径、直径、角度与弧长的尺寸起止符号用箭头表示，箭头宽度b不小于1mm

轴测图尺寸起止符号　　　　　　箭头尺寸起止符号

图1-54　尺寸界线、尺寸线、尺寸起止符号图例图解

【举例】　尺寸识读实例如图1-55所示。

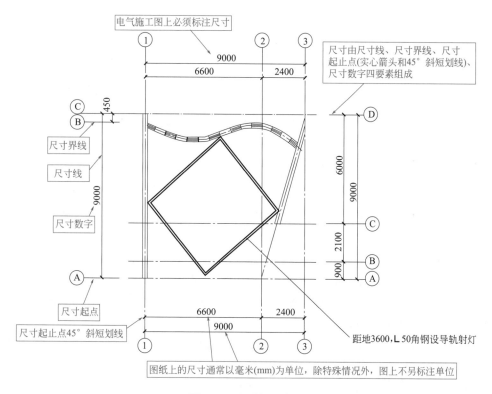

电气施工图上必须标注尺寸

尺寸由尺寸线、尺寸界线、尺寸起止点(实心箭头和45°斜短划线)、尺寸数字四要素组成

尺寸界线

尺寸线

尺寸数字

尺寸起点

尺寸起止点45°斜短划线

距地3600，L 50角钢设导轨射灯

图纸上的尺寸通常以毫米(mm)为单位，除特殊情况外，图上不另标注单位

图1-55　尺寸识读实例

1.2.27　尺寸数字的特点与注写要求

尺寸数字，也就是表示尺寸的数字。尺寸数字与图样测量数据存在差异时，应以尺寸数字为准。可见，制图、识图时，应重视尺寸数字。

建筑图样上的尺寸单位，一般除了标高、总平面以米（m）为单位外，其他一般是以毫米（mm）为单位。具体规定，应在图上明确规定。

图纸上的尺寸数字，一般特点与注写要求图解如图1-56所示。图纸上尺寸标注要清晰，不得与图线、文字、符号等出现相交、重叠。

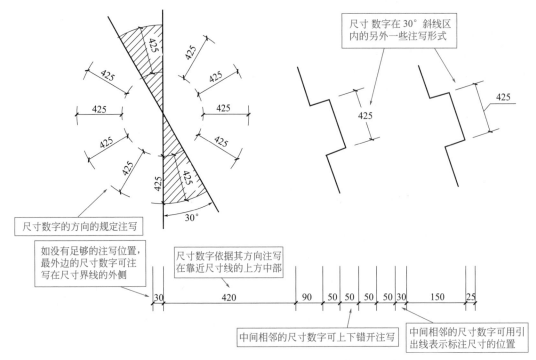

图 1-56　图纸上的尺寸数字一般特点与注写要求图解

1.2.28　尺寸的排列与布置

图纸上的尺寸一般标注在图样轮廓以外，不会与图线、文字及符号等相交。

图纸上的互相平行的尺寸线，一般的图从被注写的图样轮廓线由近向远整齐排列，较小尺寸离轮廓线较近，较大尺寸离轮廓线较远。

图样轮廓线以外的尺寸界线距图样最外轮廓之间的距离，一般的图不小于 10mm。平行排列的尺寸线的间距，一般的图为 7～10mm，并且是一致的。

总尺寸的尺寸界线一般靠近所指部位。中间的分尺寸的尺寸界线，有的图纸上的标注稍短，但是其长度往往是相等的。

总尺寸一般需要标注在图样轮廓以外。定位尺寸和细部尺寸可以根据用途、内容注写在图样外或图样内相应的位置。

尺寸的排列、布置特点与要求如图 1-57 所示。

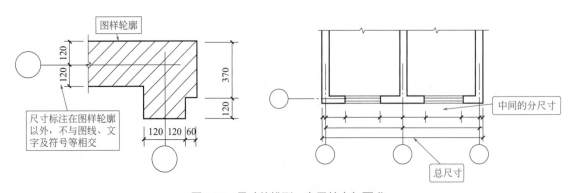

图 1-57　尺寸的排列、布置特点与要求

各部分定位尺寸和细部尺寸，一般需要注写净距离尺寸或轴线间尺寸。标注剖面和详图各部位的定位尺寸时，一般需要注写其所在层次内的尺寸。

1.2.29　半径、直径、球尺寸的标注

半径尺寸标注的特点与要求如图 1-58 所示。

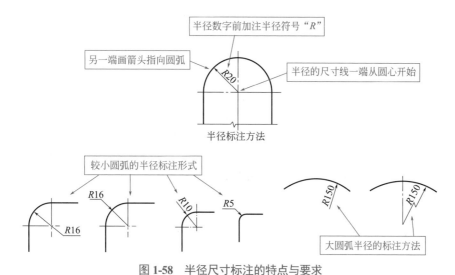

图 1-58　半径尺寸标注的特点与要求

直径尺寸标注的特点与要求如图 1-59 所示。

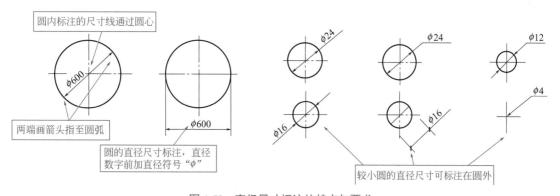

图 1-59　直径尺寸标注的特点与要求

球的半径尺寸的标注，一般要在尺寸前加注符号"SR"。球的直径尺寸的标注，一般要在尺寸数字前加注符号"$S\phi$"。球的半径、直径注写方法与圆弧半径、圆的直径尺寸标注方法基本是一样的。

1.2.30　角度、弧度、弧长的标注

角度标注的特点与要求如图 1-60 所示。

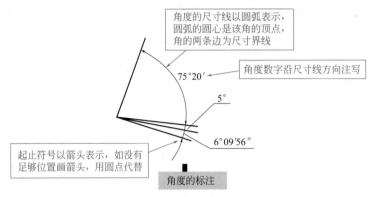

图 1-60　角度标注的特点与要求

　　圆弧的弧长标注，尺寸线一般以与该圆弧同心的圆弧线表示，尺寸界线是垂直于该圆弧的弦，起止符号一般用箭头表示，弧长数字上方一般加有圆弧符号"⌒"。

　　另外，圆弧的弧长标注还有一种方式：尺寸线一般是以平行于该弦的直线来表示的。尺寸界线是垂直于该弦的，并且起止符号常用中粗斜短线来表示。

　　圆弧的弧长标注如图 1-61 所示。

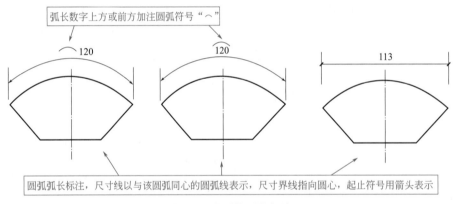

图 1-61　圆弧的弧长标注

1.2.31　尺寸的简化标注

　　简化标注尺寸的特点与要求如图 1-62 所示。

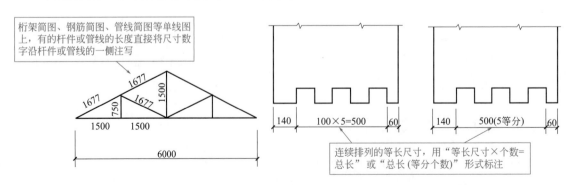

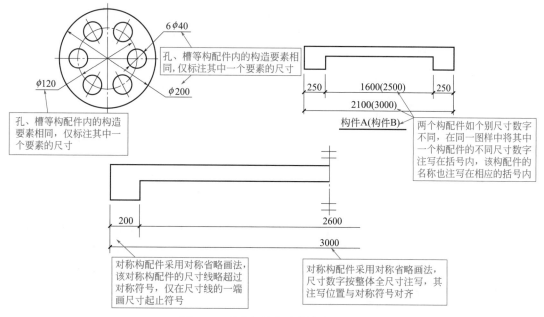

图 1-62　简化标注尺寸的特点与要求

1.2.32　其他尺寸的标注

其他尺寸标注的特点与要求如图 1-63 所示。

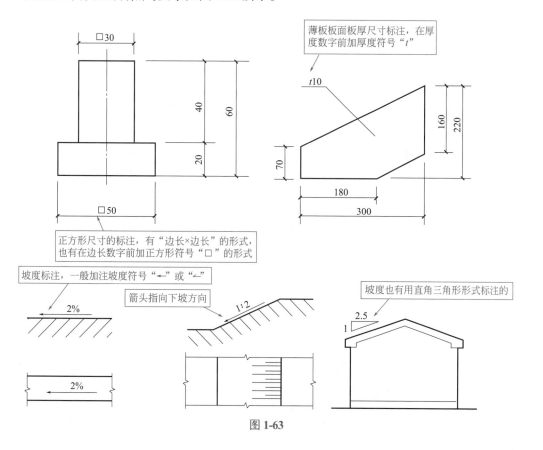

图 1-63

图 1-63 其他尺寸标注的特点与要求

1.2.33 标高

标高是为了区分建筑物的不同高度而定的，主要用来控制建筑物高度与准确度。标高，也就是高度的标示。

装饰立面图、剖面图、详图，一般需要标注标高、垂直方向尺寸。如果不易标注垂直距离尺寸时，则可以在相应位置标注标高。标高的特点与要求如图 1-64 所示。

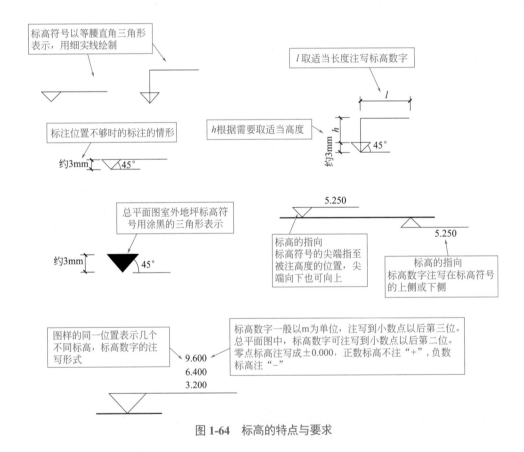

图 1-64 标高的特点与要求

房屋建筑室内装饰装修中，标高符号可以采用等腰直角三角形，也可以采用涂黑的三角形成 90° 对顶角的圆。房屋建筑室内装饰装修中，标注顶棚标高时，还可以采用 CH 符号来表示。房屋建筑室内装饰装修中其他标高符号的特点与要求如图 1-65 所示。

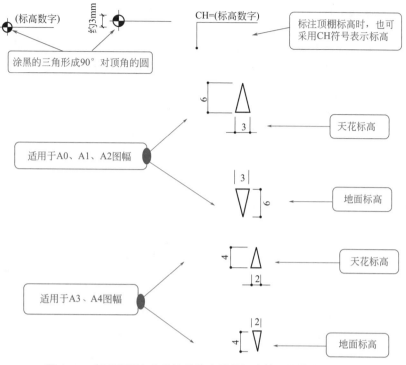

图 1-65　房屋建筑室内装饰装修中其他标高符号的特点与要求

1.2.34　图名编号

一套房屋建筑室内装饰装修的图纸，往往包括平面图、索引图、顶棚平面图、立面图、剖面图、详图等多种图。为此，需要对图名进行编号。图名编号的原因，简单地讲，就是图多，不编号会混乱。

图名编号，一般由圆、水平直径、图名、比例等组成。其中圆、水平直径均需要由细实线绘制。圆直径需要根据图面比例，在 8 ～ 12mm 之间选择。

图名编号图例图解如图 1-66 所示。

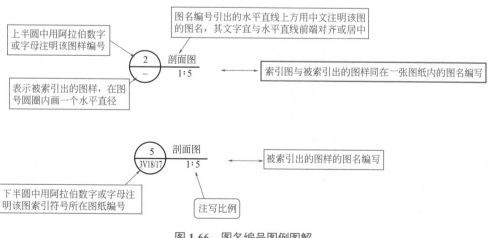

图 1-66　图名编号图例图解

1.2.35 图纸编排顺序

房屋建筑室内装饰装修图纸一般根据专业顺序来编排，依次编排的顺序为：图纸目录→房屋建筑室内装饰装修图→给水排水图、暖通空调图、电气图等。各专业的图纸，一般根据图纸内容的主次关系、逻辑关系进行分类排序。各楼层的室内装饰装修图纸，一般根据自下而上的顺序排列。同楼层各段（区）的室内装饰装修图纸，一般根据主次区域与内容的逻辑关系来排列。房屋建筑室内装饰装修图纸编排顺序如图1-67所示。

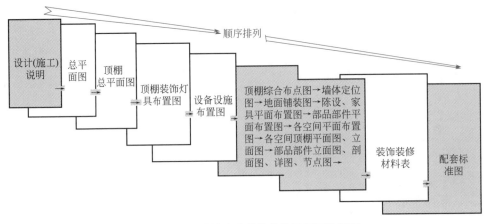

图1-67 房屋建筑室内装饰装修图纸编排顺序

1.3 制图与识图的基本原则

1.3.1 制作家装装修图的基本原则

制作家装装修图的基本原则如下。

① 以专业软件与大众软件相结合的观点制图。

② 制图时，应熟悉有关现行标准，并且遵循有关标准的要求。

③ 制图时，应熟悉设计师的设计意图与要求。

④ 制图时，应熟悉客户的要求。

⑤ 家装装饰装修施工图不仅提供给施工人员，而且也需要提供给业主或者监察部门供其保存。为此，制图时，图不仅要求规范、标准，还应生动、形象、美观等。

⑥ 对于一些通用性的项目，可以制作成模板，例如有的装修公司提供给业主的图纸，必须装封面，并且有统一的文字、LOGO（商标）、签章、图幅、标题栏、单位、精度、图层、标注样式、默认字体、默认字高等模板要素。提供给施工队的图纸往往采用简单的订装方式，如图1-68所示。

图1-68 简单的订装方式

⑦制作的家装装修图，应便于绘图人员修改。

⑧制作的家装装修图，应有备份。

1.3.2　识读家装装修图的基本原则

识读家装装修图的基本原则如下。

（1）循序渐进与结合看的观点识图

拿到图纸，首先循序渐进地看图，然后重点看本专业的图纸。另外，识图时要将整体图与局部图相结合；粗略识图与精细识图相结合；不同类型的图纸与重点看主要图纸相结合。

看整体图的目的，就是要形成了一个整体概念，把握全局。看单张图的目的，就是要看懂具体施工细节，把握具体细微。

（2）记尺寸的观点识图

图上必要的尺寸要记住，特殊的定位要留意。要明白，各部分尺寸的改变，会出现不同的造型与效果。

（3）联系与联想的观点识图

单张图，不可能包罗万象；同类图，也不可能涵盖全部。因此，看图要联系、要联想。

多种图纸要会看，不同图纸要能够联系得上。同份施工图纸，各张图纸间的联系要明白。另外，识图还要将图与现场相联系，以及进行必要的现场对比。

（4）特点与特殊的观点识图

不同的图纸具有各自的特点，抓住了其特点，也就掌握了该图的关键。有的图纸具有特殊材料，或者特殊工艺、特殊施工要求、特殊造型、特殊质量标准、特殊技术标准、特殊处理方案，或者兼有，因此掌握其特殊性的重要程度可想而知。

（5）图表文例对照的观点识图

一份完整的施工图纸，除了各种图线外，还有一些文字说明、表格、图例等，这些均是图线有益的补充，是必要的组成部分。因此，看图识图，需要看图上的文字说明、表格、图例等，并且有时还需要结合看、反复对照看。

（6）图上呈现信息的观点识图

看图识图，首先就是把图上的信息看懂，并且遵守图上信息的要求。

（7）隐蔽支撑知识的观点识图

有的人看不懂图，主要原因在于对于图上隐蔽支撑知识没有掌握。因此，看了半天的图，也很模糊，不知如何是好。其实，装饰装修图不可能包罗万象，除了图上直接呈现的信息外，还会遵守相关的标准、规定，以及相关的专业知识与技能。

（8）图物互补互转的观点识图

有的人看不懂图，还可能是平时没有接触，或者没有有意识地观看与装修有关的实物、实景。因此，看图时不能够依图联系实物。

（9）多维多角度的转换与想象的观点识图

看图识图，单看一维一角度的图比较容易，但是，能够把图进行多维多角度的转换与想象，则比较难。因此，平时应对多维多角度的转换与想象进行专项训练，如图 1-69 所示。

图 1-69　图的多维多角度的转换与想象

（10）水电图采用点线法的观点识图

水电图往往涉及连接定位点，以及与连接定位点间的连线和连管。因此，把连接定位点视为节点，连线和连管视为线。从而一些水电图的识图，就可以采用点线法来进行。

（11）精与懂相结合的观点识图

装修图的种类多，有的还涉及结构施工图、建筑图等图纸。对于有的图纸，不一定要精，但一定要懂。对于有的图纸，不但要懂而且要精。

另外，识图时要明白图中哪些看得懂，哪些看不懂。对于看不懂的部分是否对工作有影响，如果会影响，则需要通过学习、咨询、请教等途径去弄懂。

（12）软件特点的观点识图

装修图一般是采用计算机软件绘制的，因此，掌握、了解相关软件的特点，对于识图来说有很大的帮助。

第2章 制图识图图例

2.1 建筑常用图例

2.1.1 常用建筑构造图例

常用建筑构造图例见表 2-1。

表 2-1 常用建筑构造图例

名称	图例	备注	名称	图例	备注
不可见检查孔			孔洞		阴影部分可以涂色代替
长坡道	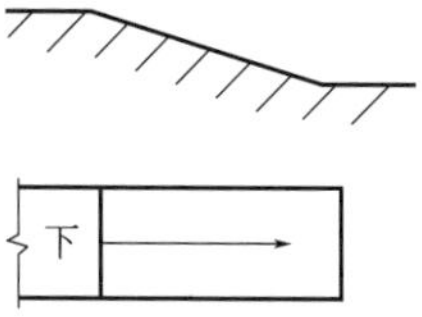		门口坡道	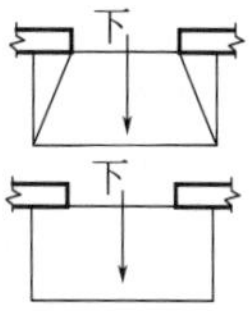	
改建时保留的原有墙和窗	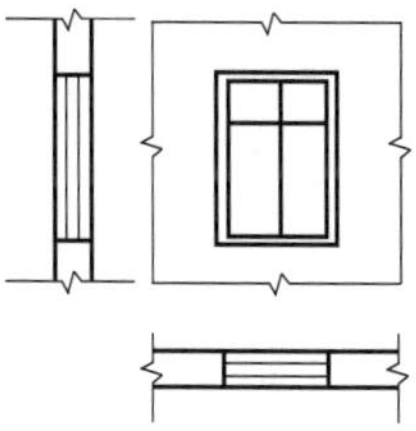		应拆除的墙	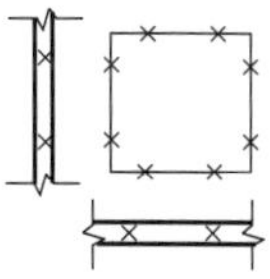	
坑槽	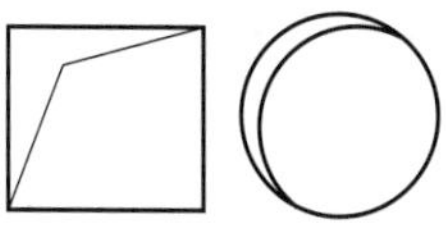		墙预留洞	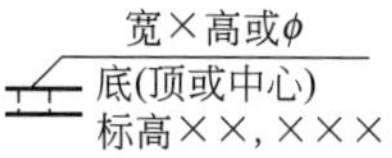	以洞中心或洞边定位,宜以涂色区别墙体和留洞位置

续表

名称	图例	备注	名称	图例	备注
空门洞	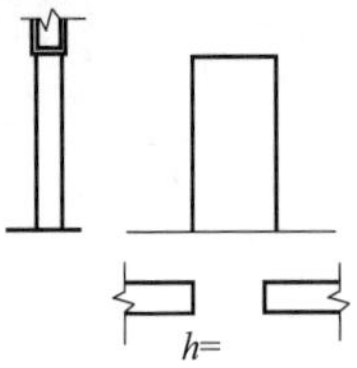	h为门洞高度	底层楼梯平面	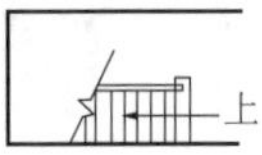	楼梯及栏杆扶手的形式和梯段踏步数应按实际情况绘制
栏杆	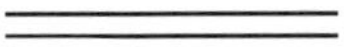		可见检查孔	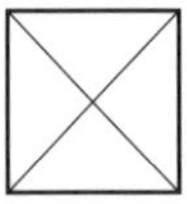	
平面高差	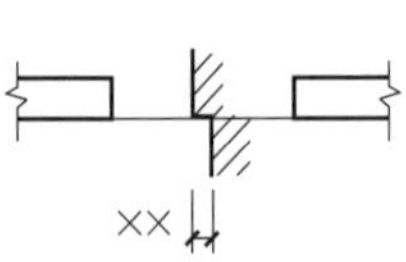	适用于高差小于100mm的两个地面或楼面相接处	隔断	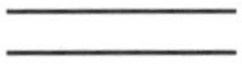	包括板条抹灰木制石膏、板金属材料等隔断。适用于到顶与不到顶隔断
墙体	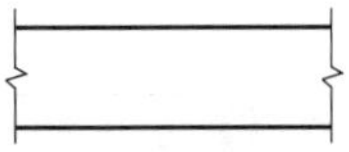	应加注文字或填充图例表示墙体材料。在项目设计图纸说明中列材料图例表给予说明	烟道	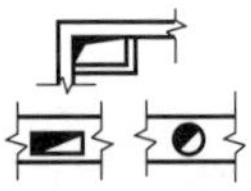	阴影部分可以涂色代替，若烟道与墙体为同一材料，其相接处墙身线应断开
墙预留槽	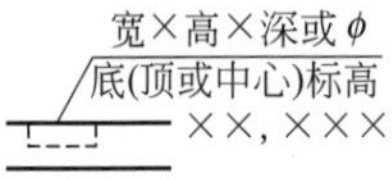 宽×高×深或ϕ 底(顶或中心)标高 ××,×××	以洞中心或洞边定位。宜以涂色区别墙体和留洞位置	新建的墙和窗		图例以小型砌块为例子，绘图时应按所用材料的图例绘制，不易用图例绘制的可在墙面上以文字或代号注明。小比例绘图时，平、剖面窗线可用单粗实线表示
通风道	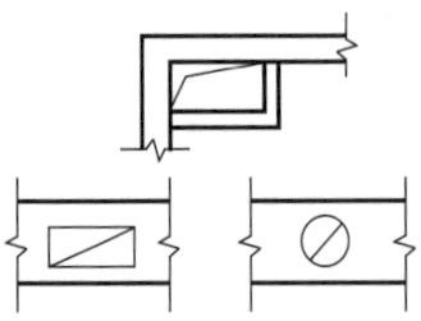	阴影部分可以涂色代替，若烟道与墙体为同一材料，其相接处墙身线应断开	在原有墙或楼板上局部填塞的洞	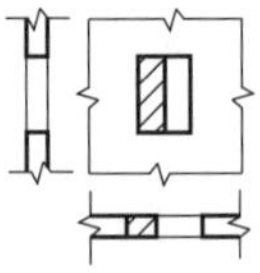	
在原有墙或楼板上全部填塞的洞	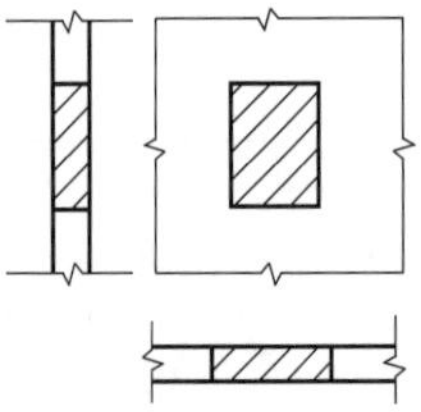		在原有洞旁扩大的洞	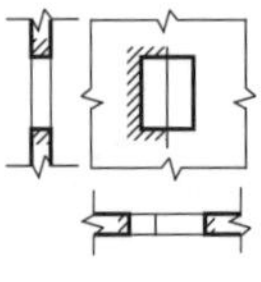	

续表

名称	图例	备注	名称	图例	备注
在原有墙或楼板上新开的洞			顶层楼梯平面		楼梯及栏杆扶手的形式和梯段踏步数应按实际情况绘制
中间层楼梯平面		楼梯及栏杆扶手的形式和梯段踏步数应按实际情况绘制			

2.1.2　材料图例画法

常用材料图例画法如图 2-1 所示。

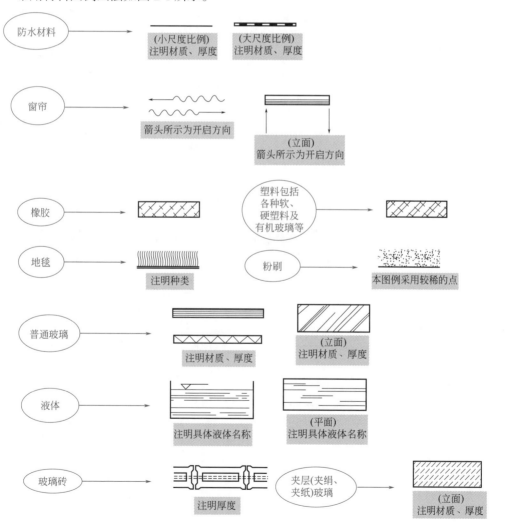

图 2-1

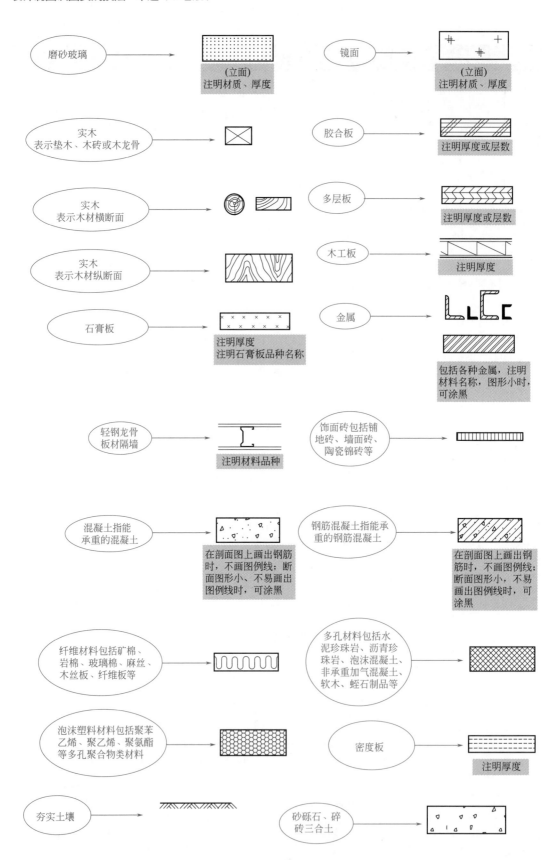

磨砂玻璃 → （立面）注明材质、厚度

镜面 → （立面）注明材质、厚度

实木 表示垫木、木砖或木龙骨 →

胶合板 → 注明厚度或层数

实木 表示木材横断面 →

多层板 → 注明厚度或层数

实木 表示木材纵断面 →

木工板 → 注明厚度

石膏板 → 注明厚度 注明石膏板品种名称

金属 → 包括各种金属，注明材料名称，图形小时，可涂黑

轻钢龙骨 板材隔墙 → 注明材料品种

饰面砖包括铺地砖、墙面砖、陶瓷锦砖等 →

混凝土指能承重的混凝土 → 在剖面图上画出钢筋时，不画图例线；断面图形小、不易画出图例线时，可涂黑

钢筋混凝土指能承重的钢筋混凝土 → 在剖面图上画出钢筋时，不画图例线；断面图形小、不易画出图例线时，可涂黑

纤维材料包括矿棉、岩棉、玻璃棉、麻丝、木丝板、纤维板等 →

多孔材料包括水泥珍珠岩、沥青珍珠岩、泡沫混凝土、非承重加气混凝土、软木、蛭石制品等 →

泡沫塑料材料包括聚苯乙烯、聚乙烯、聚氨酯等多孔聚合物类材料 →

密度板 → 注明厚度

夯实土壤 →

砂砾石、碎砖三合土 →

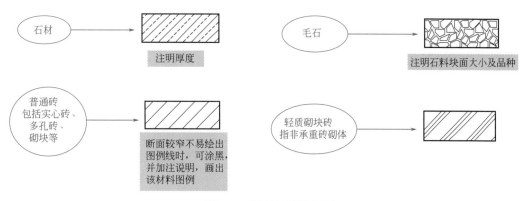

图 2-1　常用材料图例画法

2.1.3　水平与垂直运输装置图例

水平与垂直运输装置图例见表 2-2。

表 2-2　水平与垂直运输装置图例

名称	图例	解释
电梯		电梯应注明类型并绘出门与平衡锤的实际位置。 观景电梯等特殊类型电梯应参照本图例按实际情况绘制
自动扶梯		自动扶梯可正、逆向运行，箭头方向为设计运行方向
自动人行坡道		自动人行坡道可正、逆向运行，箭头方向为设计运行方向。 自动人行坡道应在箭头线段尾部加注上或下

2.1.4　自编图例

如果有关标准图例中没有包括的建筑装饰材料时，则可以自编图例。自编图例的要求如下。

① 不得与相关标准所列的图例重复。

② 绘制自编图例时，需要在适当位置画出该材料图例以及加以说明。

③ 不画建筑装饰材料图例加文字说明即可的情况如图 2-2 所示。

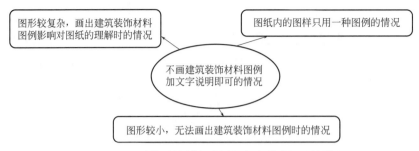

图 2-2　不画建筑装饰材料图例加文字说明即可的情况

2.2　家装常用图例

2.2.1　房间常用图例

装饰装修图纸的制图、识图，其实没那么复杂。装饰装修图纸的基本元素，由图形图例、标注、线条等组成。为了表达清楚与美观，装饰装修图中通常还会采用一些粗细线型、填充形式、分色等方式，使得画面更有层次与更加饱满的表达。

家装图的制图、识图，首先应了解房屋建筑基本有关信息。例如，一间房屋的结构信息如图 2-3 所示，从图上可以看出门、窗、墙壁等是最基本的信息。由于门、窗的种类多，因此门、窗的图例也多。

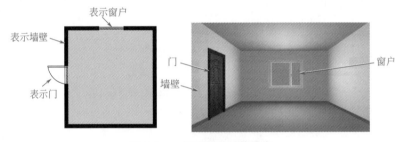

图 2-3　一间房屋的结构信息

2.2.2　门常用图例

门的种类与常用图例符号见表 2-3。

表 2-3　门的种类与常用图例符号

名称	解释	图例符号与实物图例
平开门	平开门是水平开启的门，其铰链安在侧边。平开门可以分为单扇门、双扇门、向内开门、向外开门	试衣房

名称	解释	图例符号与实物图例
弹簧门	弹簧门下面用地弹簧或者侧边用弹簧铰链传动，开启后能自动关闭。双扇双面弹簧门图例如右图所示	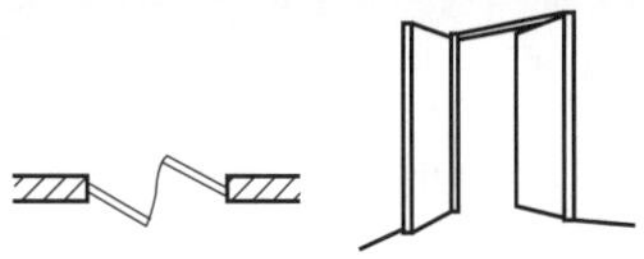
	单扇双面弹簧门	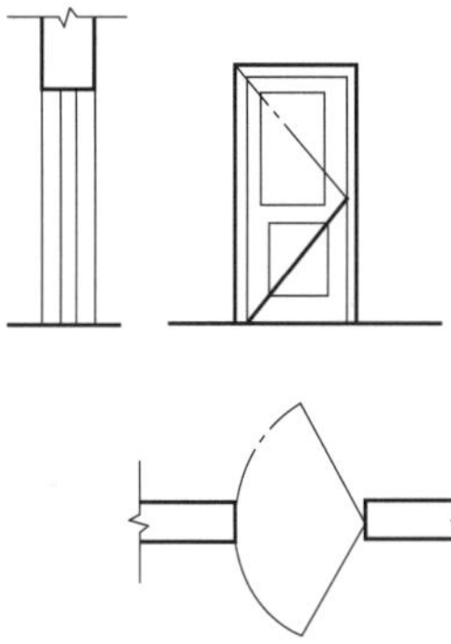
推拉门	推拉门用在上、下轨道上，左、右滑行实现开关。推拉门可以分为单扇推拉门、双扇推拉门。墙外双扇推拉门图例如右图所示	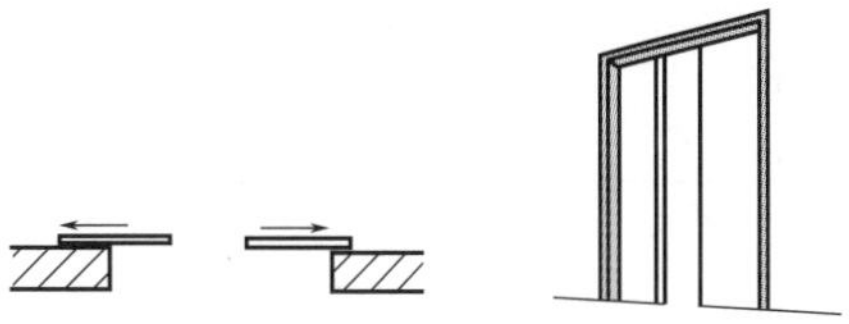
	墙外单扇推拉门	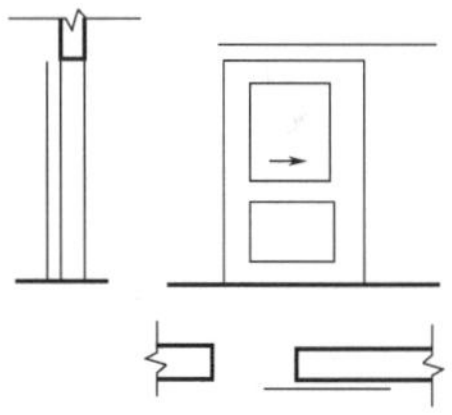
	墙中单扇推拉门	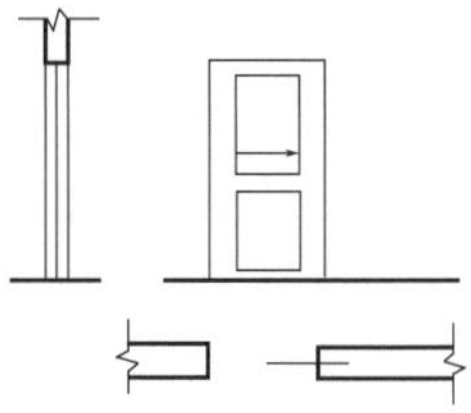
	墙中双扇推拉门	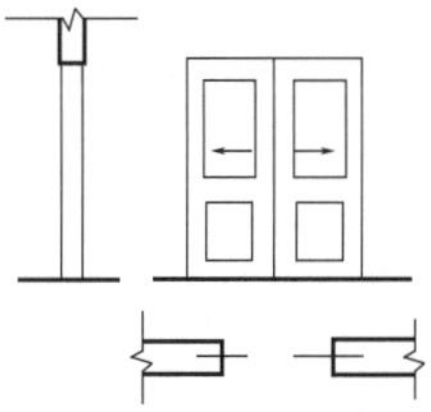
折叠门	折叠门可以拼合折叠推移到侧边	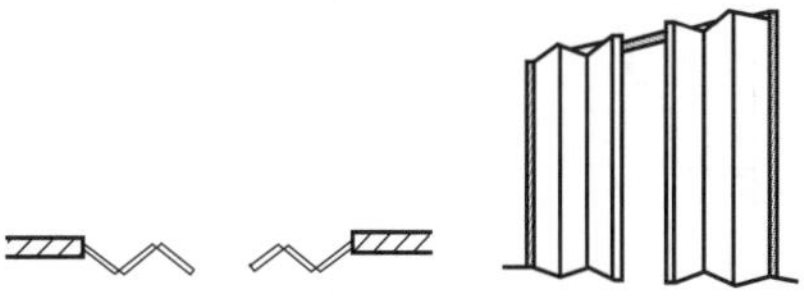

续表

名称	解释	图例符号与实物图例
转门	转门就是在两个固定弧形门套内旋转的门	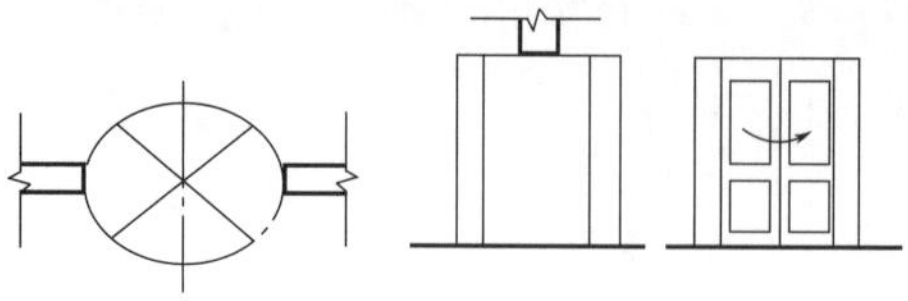
单开门	单开门是按一个方向开启的门	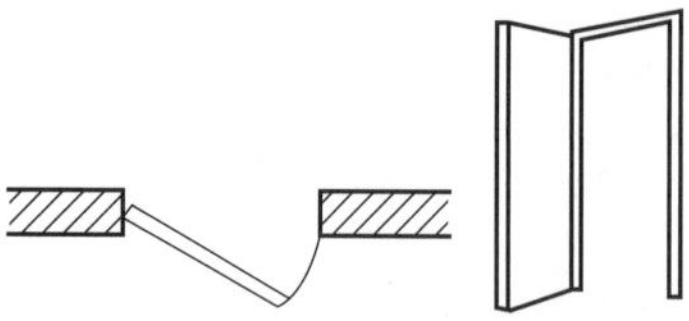
双开门	双开门一般有两扇门板，即2个方向开启	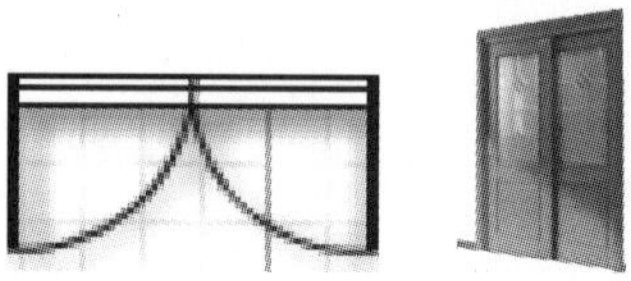
单扇门	单扇门包括平开门或单面弹簧门	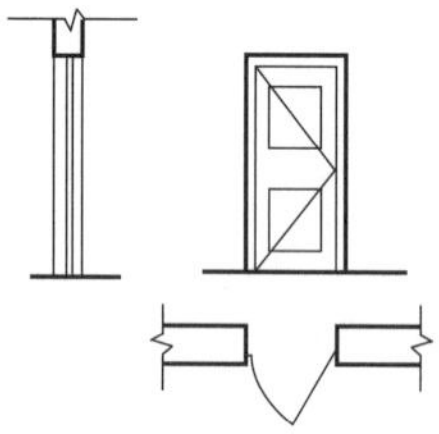
双扇门	双扇门包括平开门或单面弹簧门	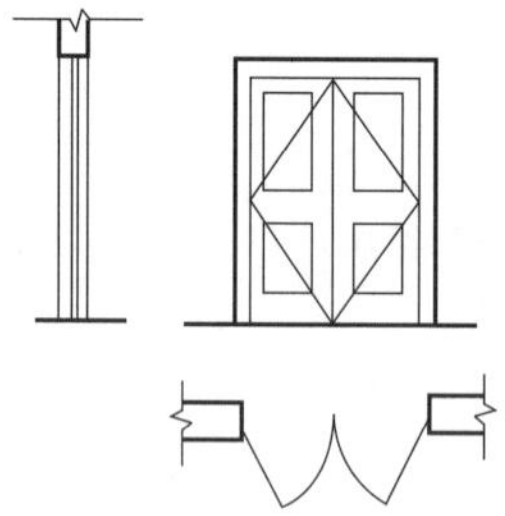
单扇内外开双层门	单扇内外开双层门包括平开门或单面弹簧门	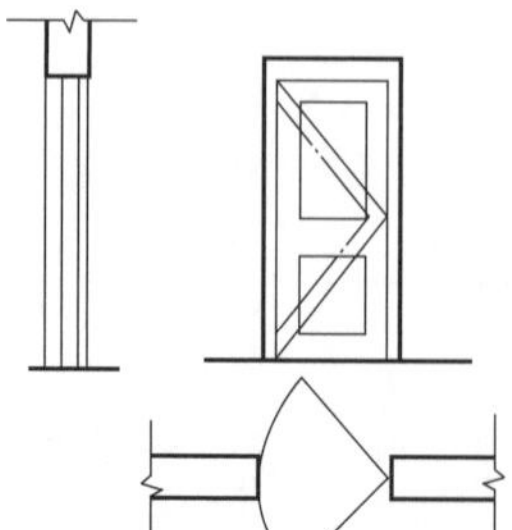

名称	解释	图例符号与实物图例
卷帘门	竖向卷帘门	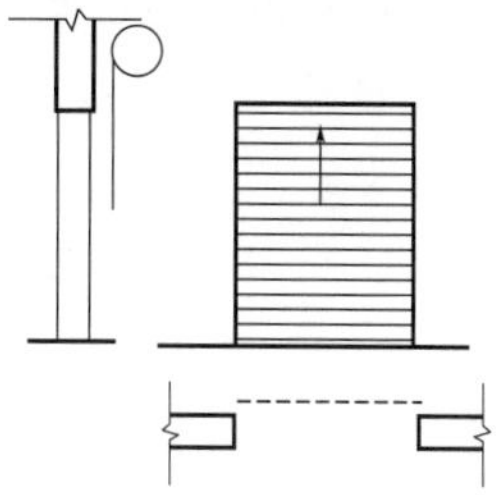
	横向卷帘门	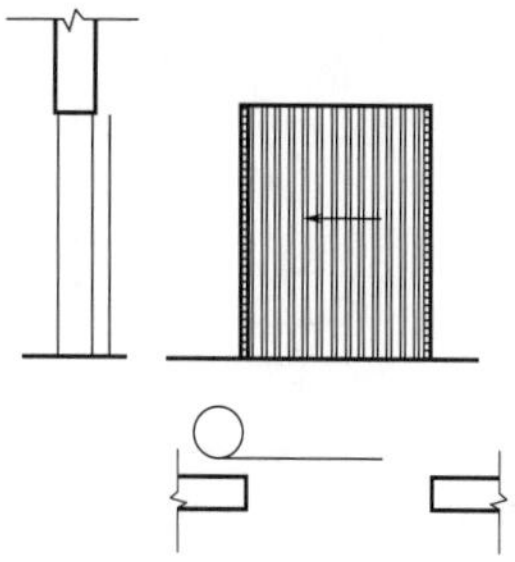
其他	自动门	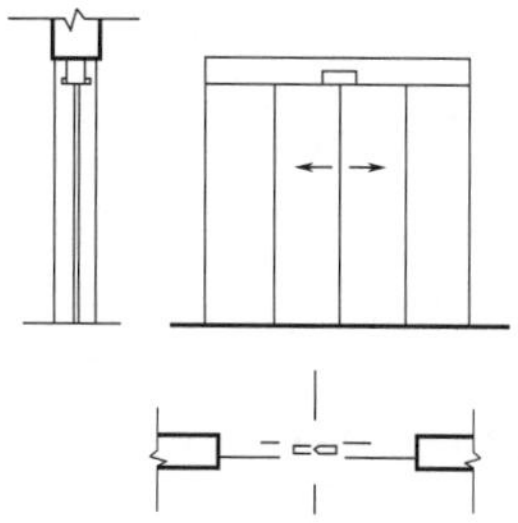
	折叠上翻门	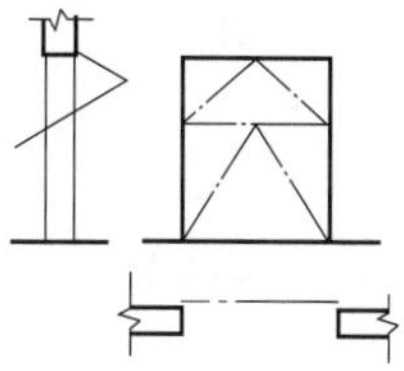
	提升门	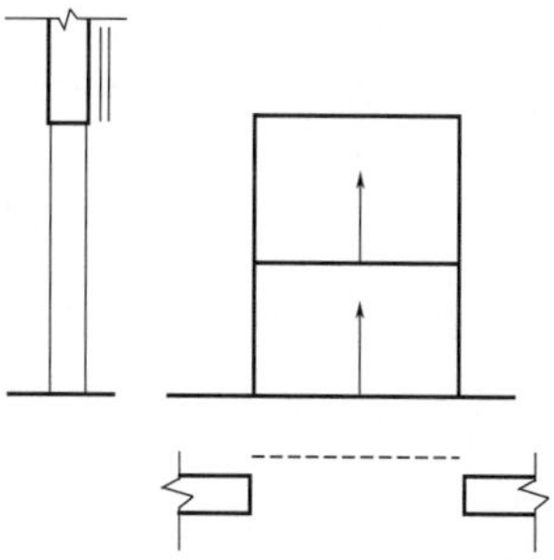

 拓 展

门图例的一些要求如下。

① 平面图上门线标示应以 90° 或 45° 开启，并且开启弧线需要绘出。

② 门的图例立面形式应按实际情况绘制。

③ 门的立面图上开启方向线交角的一侧为安装合页的一侧，实线一般为外开，虚线一般为内开。

④ 门的名称代号一般用字母 M 表示。

门的一些示意图如图 2-4 所示。

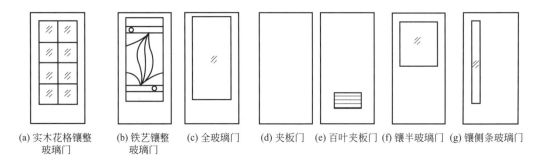

(a) 实木花格镶整   (b) 铁艺镶整   (c) 全玻璃门   (d) 夹板门   (e) 百叶夹板门 (f) 镶半玻璃门 (g) 镶侧条玻璃门
　　玻璃门　　　　　玻璃门

图 2-4　门的一些示意图

家装常用门的图例与立体图的对照如图 2-5 所示。

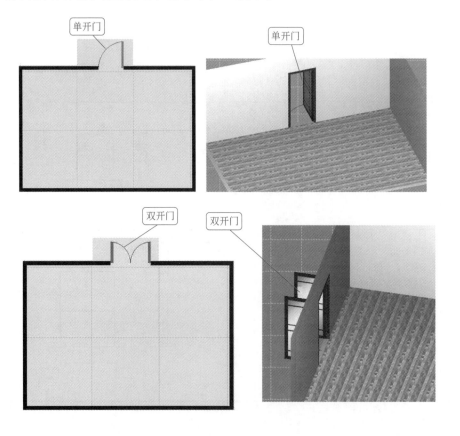

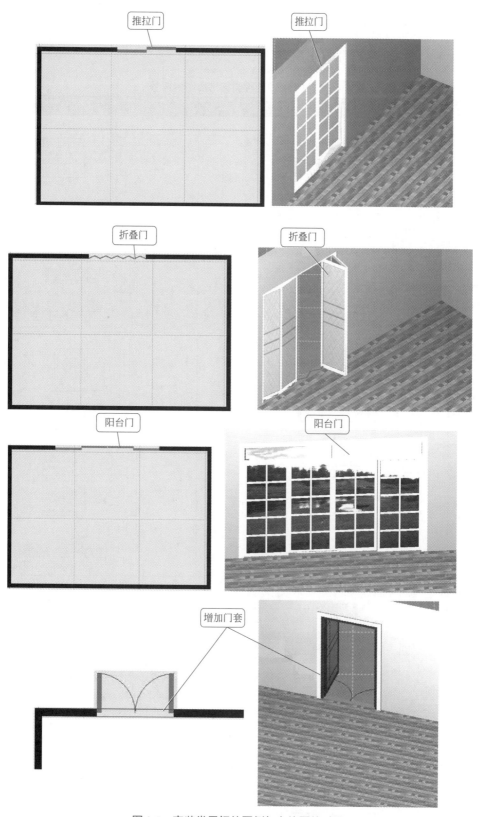

图 2-5　家装常用门的图例与立体图的对照

2.2.3　窗户常用图例

窗户的种类与常用图例符号见表2-4。

表2-4　窗户的种类与常用图例符号

名称	图例	名称	图例
单层固定窗	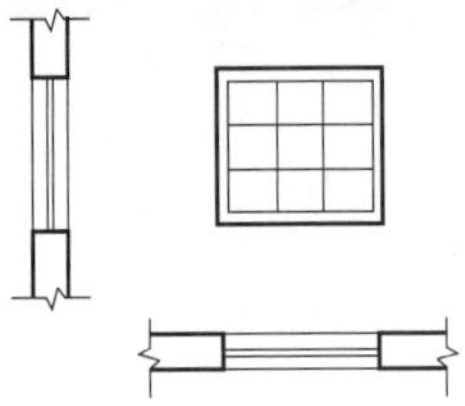	单层外开上悬窗	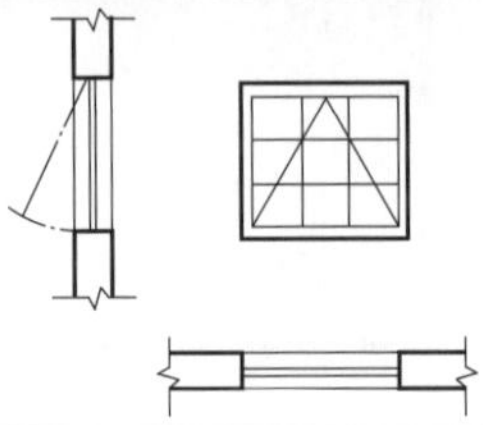
单层中悬窗	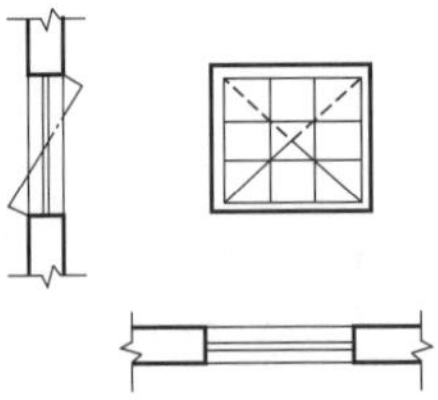	单层内开下悬窗	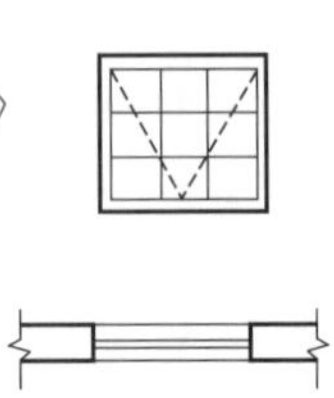
立转窗	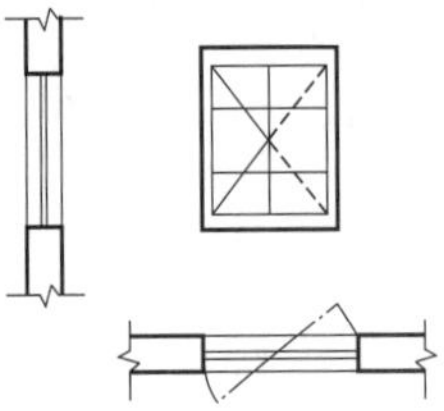	单层外开平开窗	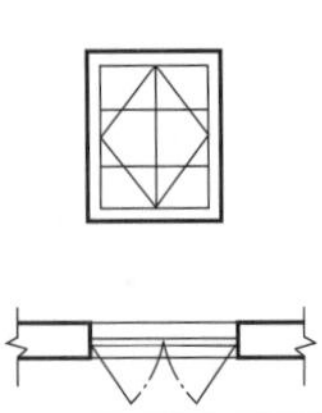
单层内开平开窗	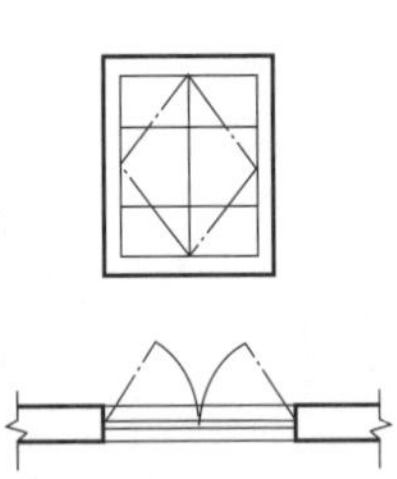	双层内外开平开窗	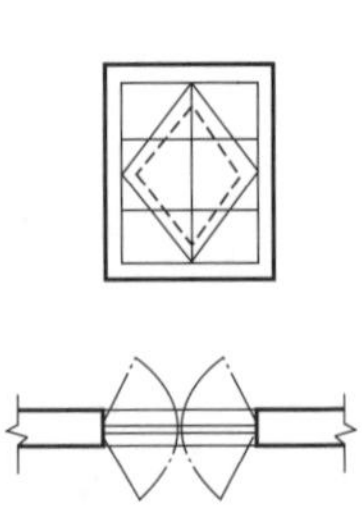
推拉窗	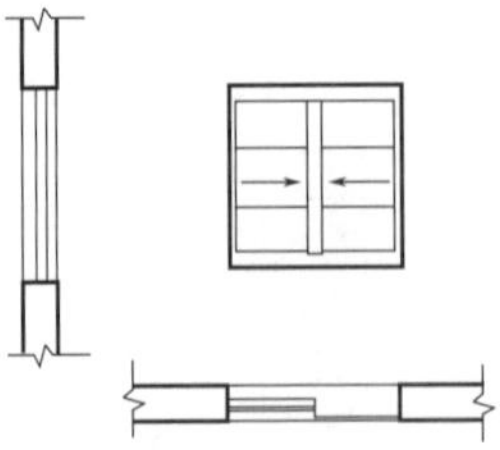	上推窗	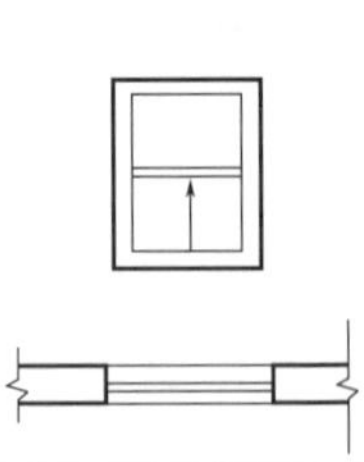
百叶窗	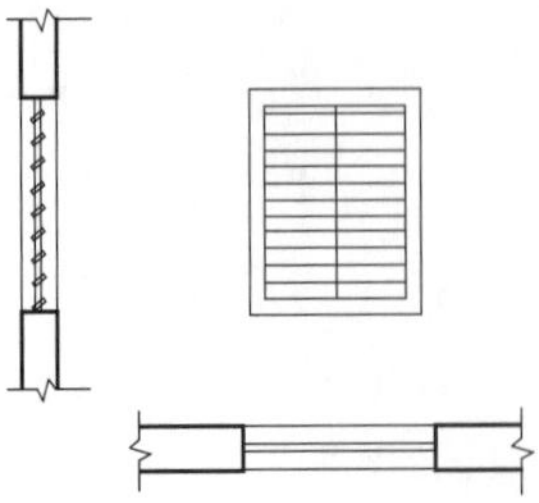	高窗	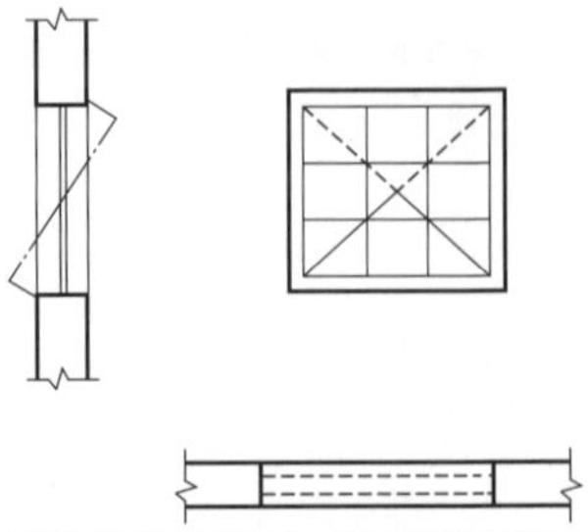

家装常用窗户的图例与立体图的对照如图 2-6 所示。

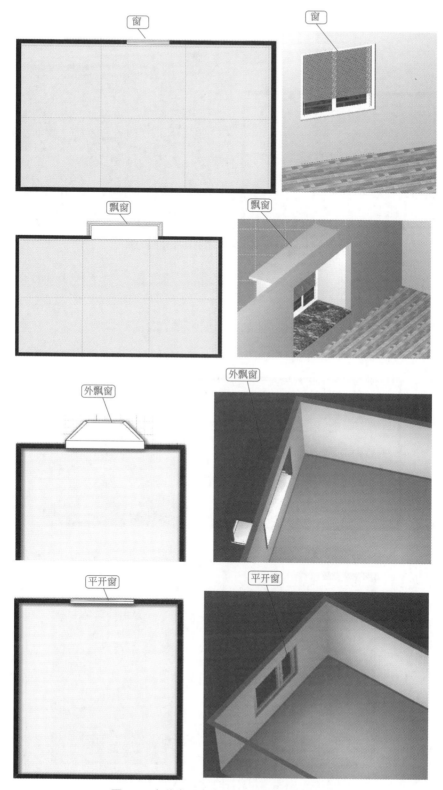

图 2-6　家装常用窗户的图例与立体图的对照

2.2.4 墙洞常用图例

家装常用墙洞的图例与立体图的对照如图 2-7 所示。

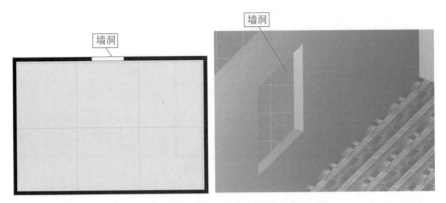

图 2-7 家装常用墙洞的图例与立体图的对照

2.2.5 立柱常用图例

家装常用立柱的图例与立体图的对照如图 2-8 所示。

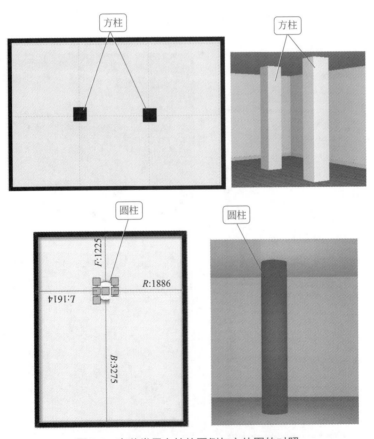

图 2-8 家装常用立柱的图例与立体图的对照

2.2.6　阳台常用图例

家装常见阳台的图例与立体图的对照如图 2-9 所示。

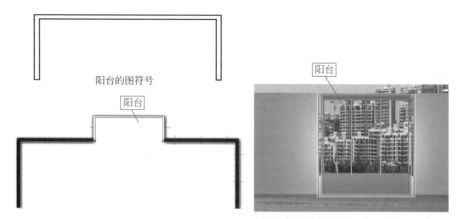

图 2-9　家装常见阳台的图例与立体图的对照

2.2.7　床与床头柜常用图例

常用床、床头柜图例与立体图对照如图 2-10 所示。有的制图软件的床图例如图 2-11 所示。

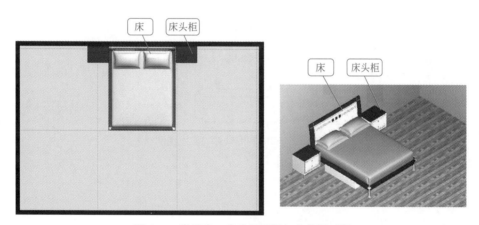

图 2-10　常用床、床头柜图例与立体图对照

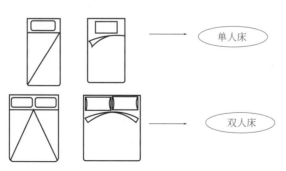

图 2-11　有的制图软件的床图例

2.2.8 沙发常用图例

沙发常用图例与立体图对照如图 2-12 所示。有的制图软件的沙发图例如图 2-13 所示。

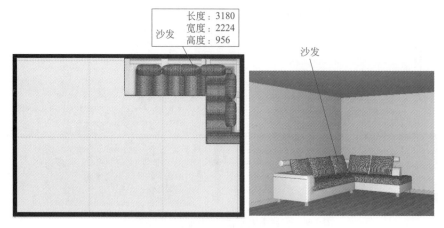

图 2-12　沙发常用图例与立体图对照

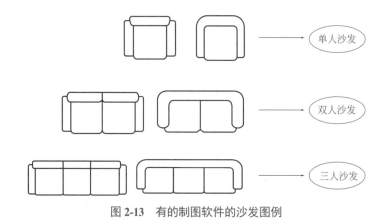

图 2-13　有的制图软件的沙发图例

2.2.9 茶几常用图例

茶几常用图例与立体图对照如图 2-14 所示。

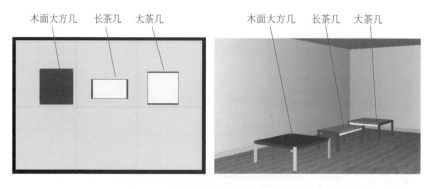

图 2-14　茶几常用图例与立体图对照

2.2.10　楼梯常用图例

楼梯常用图例与立体图对照如图 2-15 所示。

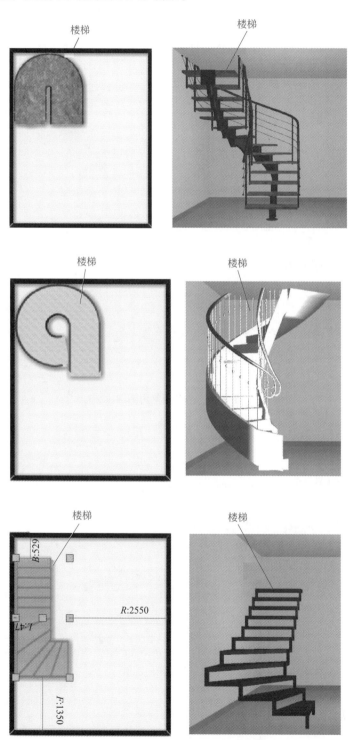

图 2-15　楼梯常用图例与立体图对照

2.2.11　椅子常用图例

椅子常用图例如图 2-16 所示。

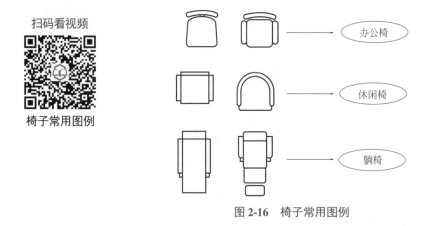

图 2-16　椅子常用图例

2.2.12　办公桌常用图例

办公桌常用图例如图 2-17 所示。

图 2-17　办公桌常用图例

2.2.13　衣柜常用图例

衣柜常用图例如图 2-18 所示。

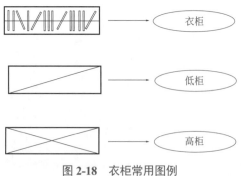

图 2-18　衣柜常用图例

2.2.14　家电常用图例

家电常用图例如图 2-19 所示。

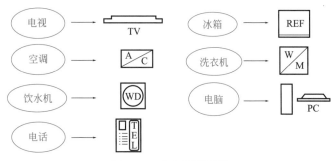

图 2-19　家电常用图例

2.2.15　厨具常用图例

厨具常用图例如图 2-20 所示。

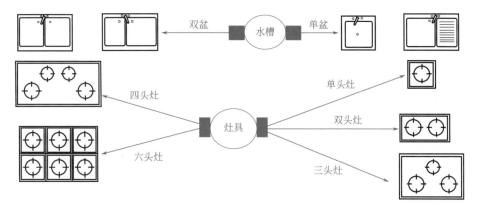

图 2-20　厨具常用图例

2.2.16　洁具常用图例

洁具常用图例如图 2-21 所示。

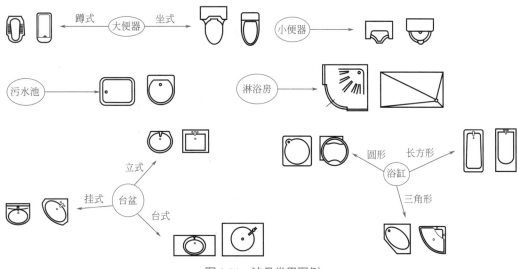

图 2-21　洁具常用图例

2.2.17　室内景观配饰图例

室内景观配饰图例如图 2-22 所示。

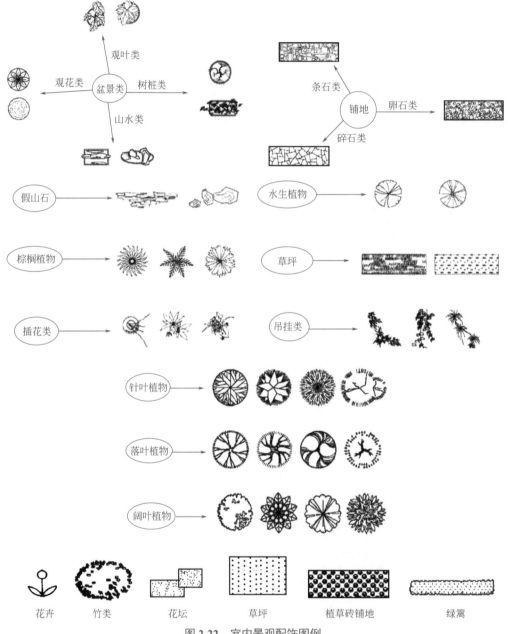

图 2-22　室内景观配饰图例

2.2.18　有关装饰其他图例

有关装饰其他图例见表 2-5。

表 2-5 有关装饰其他图例

名称	图 例
地面拼花	
平面健身器	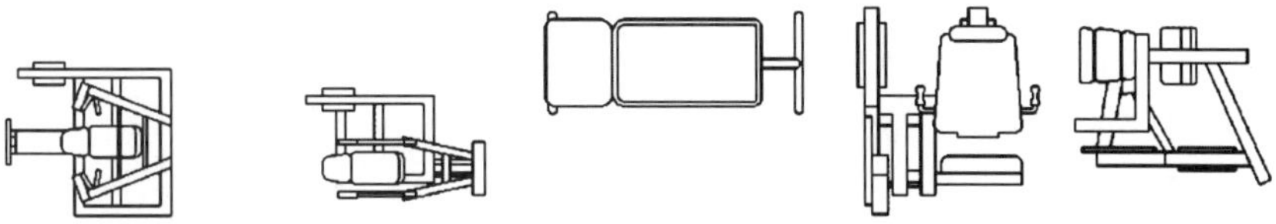
平面马桶	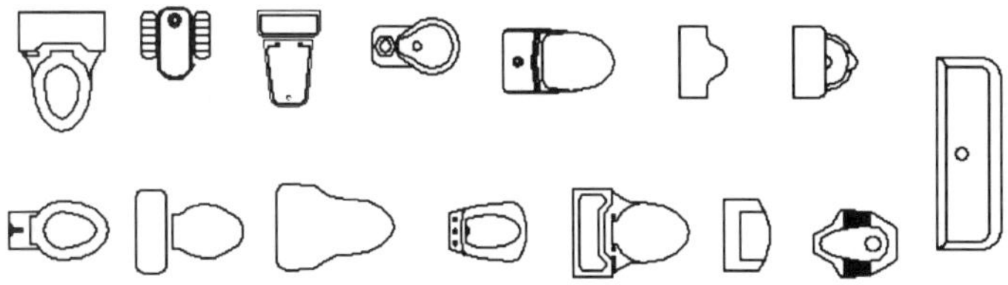
平面洗脸盆	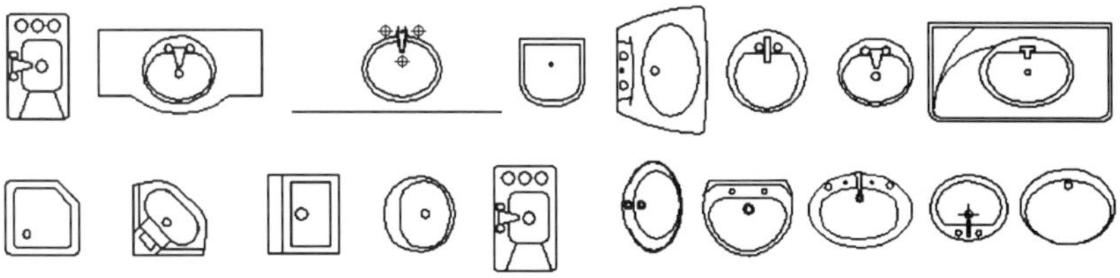
平面衣柜	
平面浴缸	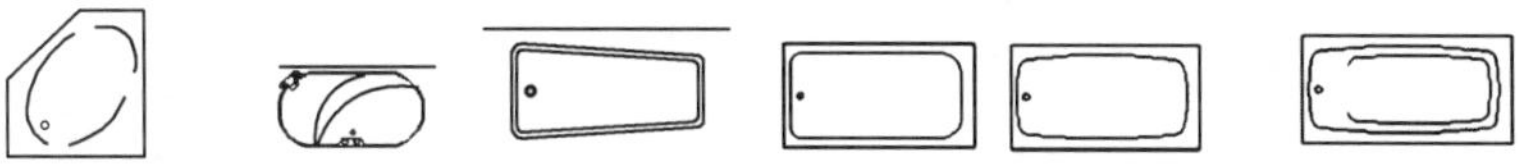

2.3 管道、水暖与消防图例

2.3.1 水龙头图例

水龙头图例见表 2-6。

表 2-6　水龙头图例

名　称	符号图例	实物图例
放水龙头	平面　　　系统	
化验龙头	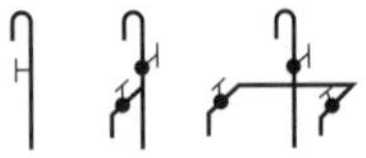	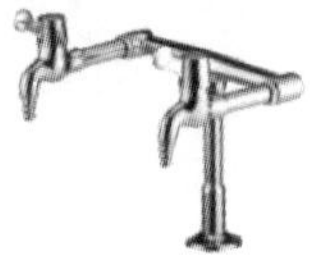
混合水龙头		
旋转水龙头	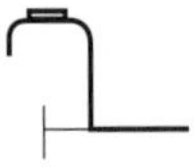	
浴盆带喷头混合水龙头	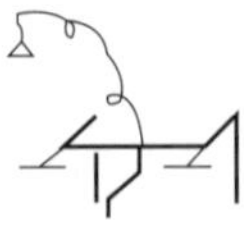	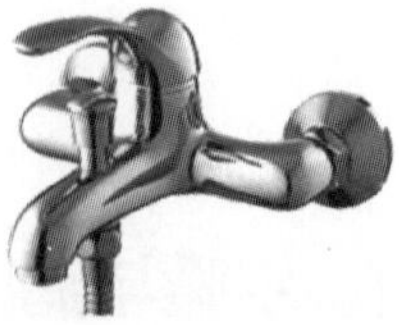

2.3.2　阀门图例

阀门图例见表 2-7。

表 2-7　阀门图例

名　称	符号图例	实物图例
弹簧安全阀		
底阀		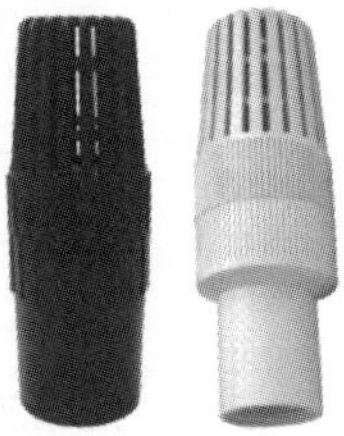
电磁阀	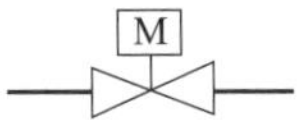 M	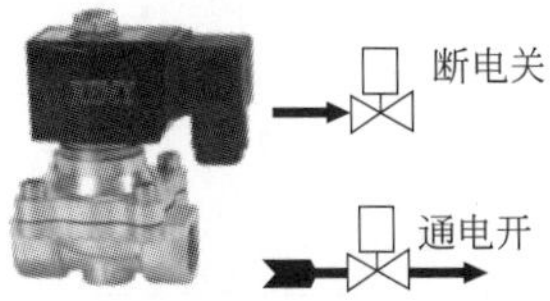 断电关　通电开
电动阀	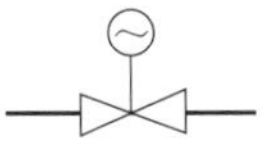	
蝶阀	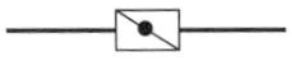	
浮球阀	 平面　系统	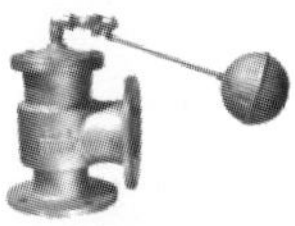
隔膜阀		
减压阀	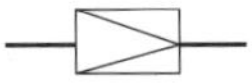 左侧为高压端	

续表

名　　称	符号图例	实物图例
角阀	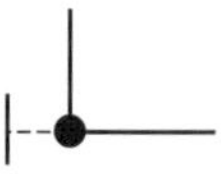	
截止阀	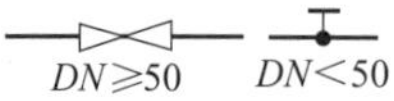 $DN{\geqslant}50$　　$DN{<}50$	
气动阀	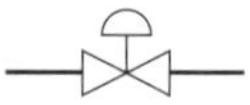	
气开隔膜阀	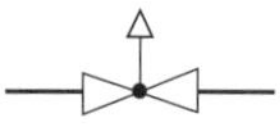	
球阀		
三通阀	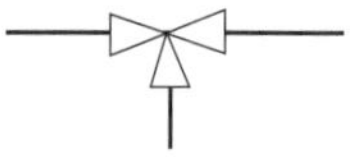	
疏水器		
四通阀	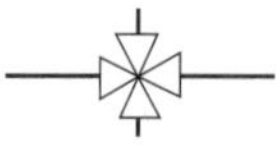	

续表

名　　称	符号图例	实物图例
温度调节阀	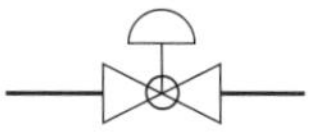	
吸水喇叭口	 平面　　系统	
消声止回阀		
旋塞阀	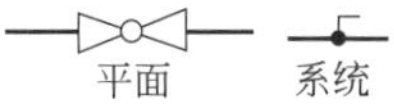 平面　　系统	
压力调节阀	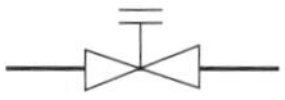	
延时自闭冲洗阀		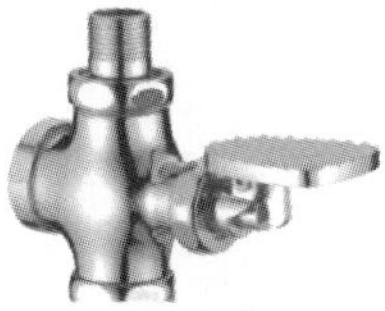
液动阀	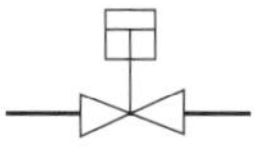	
闸阀		

续表

名　　称	符号图例	实物图例
止回阀	 ——▷⦀——	
自动排气阀	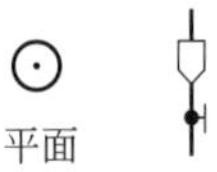 ⊙ 平面　　　系统	

2.3.3　卫生设备及水池图例

卫生设备及水池图例见表2-8。

表2-8　卫生设备及水池图例

名　　称	符号图例	实物图例
壁挂式小便器		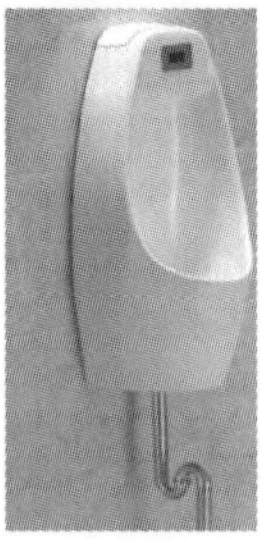
带沥水板的洗涤盆	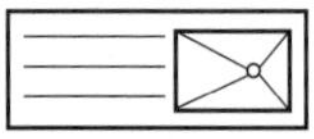 不锈钢制品	
蹲式大便器	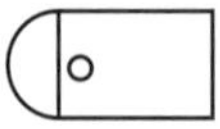	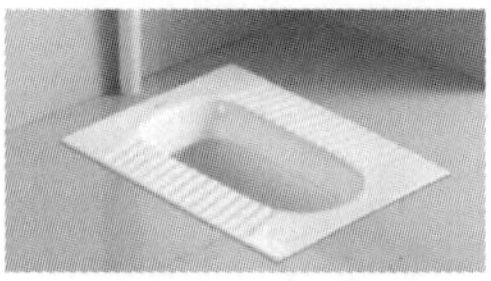
女性卫生盆		

续表

名　称	符号图例	实物图例
挂式洗脸盆		
盥洗槽	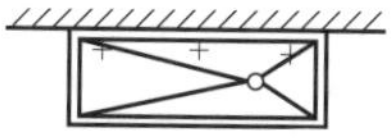	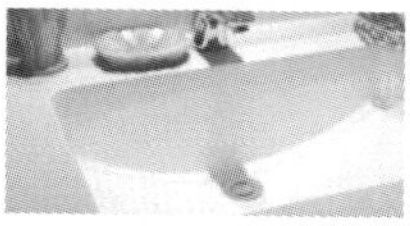
化验盆、洗涤盆	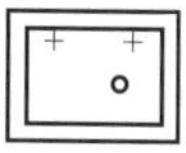	
立式洗脸盆		
立式小便器		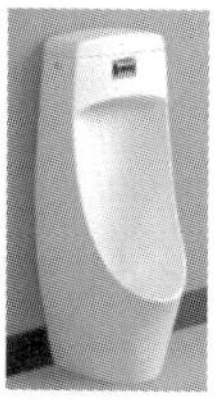
淋浴喷头		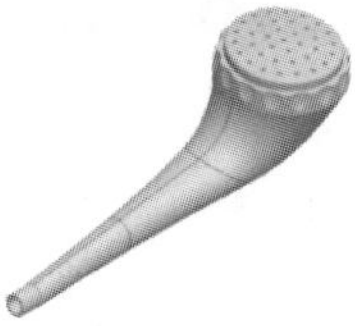
台式洗脸盆	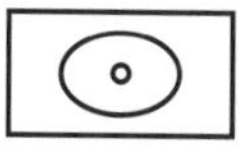	 　存水弯

续表

名　　称	符号图例	实物图例
污水池		
小便槽	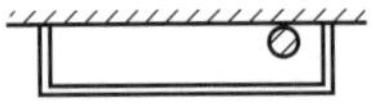	
浴盆	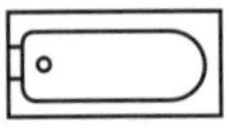	
坐式大便器	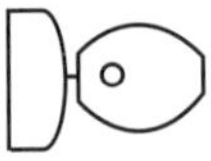	

2.3.4　给水排水设备图例

给水排水设备图例见表2-9。

表2-9　给水排水设备图例

名称	图例	名称	图例
水泵	 平面　　系统	水锤消除器	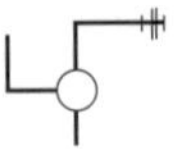
潜水泵	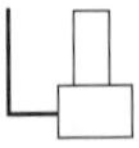	浮球液位器	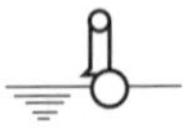
	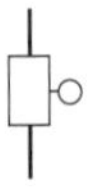	搅拌器	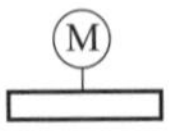
定量泵		快速管式热交换器	

续表

名称	图例	名称	图例
管道泵		开水器	
卧式热交换器	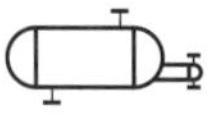	喷射器	
立式热交换器		除垢器	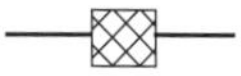

2.3.5　给水排水专业所用仪表图例

给水排水专业所用仪表图例见表 2-10。

表 2-10　给水排水专业所用仪表图例

名　称	符号图例	名　称	符号图例
pH 值传感器	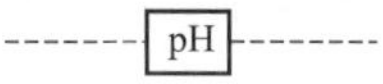 pH	余氯传感器	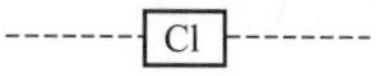 Cl
碱传感器	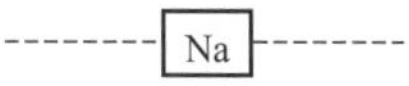 Na	真空表	
水表		转子流量计	
酸传感器	 H	自动记录流量计	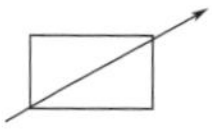
温度传感器	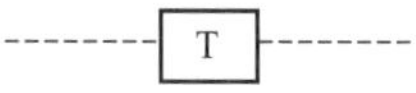 T	自动记录压力表	
温度计		压力传感器	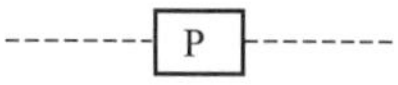 P
压力表		压力控制器	

2.3.6　游泳池给水排水常见图例

游泳池给水排水常见图例见表 2-11。

表 2-11　游泳池给水排水常见图例

名称	图例	名称	图例
流量计	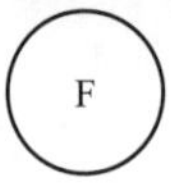	阀门	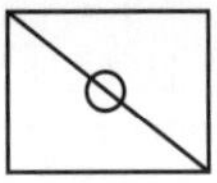
毛发过滤器	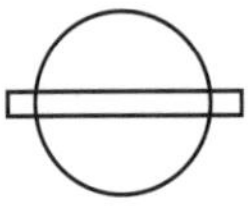	橡胶软喉	
压力表	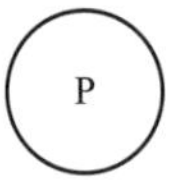	温度控制器	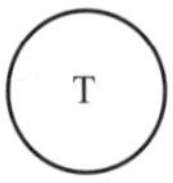
闸阀		水泵	
止回阀	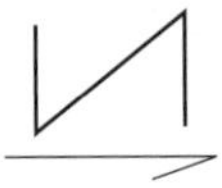	电磁阀	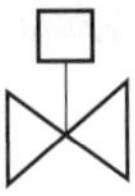

2.3.7　小型给水排水构筑物图例

小型给水排水构筑物图例见表 2-12。

表 2-12　小型给水排水构筑物图例

名称	图例	名称	图例
矩形化粪池	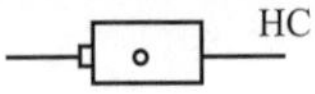 HC为化粪池代号	水封井	
圆形化粪池	 HC	跌水井	
隔油池	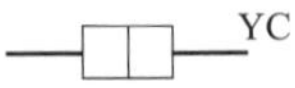 YC为除油池代号	水表井	
沉淀池	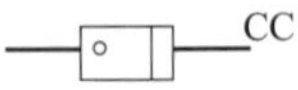 CC为沉淀池代号	阀门井检查井	
雨水口	 单口	降温池	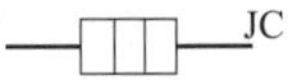 JC为降温池代号
	双口	中和池	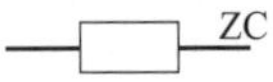 ZC为中和池代号

2.3.8　管道图例

管道类别一般是用汉语拼音字母来表示的。管道图例见表 2-13。

表 2-13　管道图例

名称	符号图例	名称	符号图例
伴热管	‒ ‒ ‒ ‒ ‒ ‒ ‒	循环给水管	—— XJ ——
保温管	∿∿∿∿∿	循环回水管	—— Xh ——
地沟管	≡≡≡≡≡	压力废水管	—— YF ——
多孔管	↑　↑　↑	压力污水管	—— YW ——
防护套管	▭	压力雨水管	—— YY ——
废水管	—— F —— 可与中水源水管合用	雨水管	—— Y ——
管道立管	XL-1　　XL-1 ○———　|——— 平面　　系统 X：管道类别 L：立管 1：编号	蒸汽管	—— Z ——
空调凝结水管	—— KN ——	中水给水管	—— ZJ ——
凝结水管	—— N ——	热水给水管	—— RJ ——
排水暗沟	‒‒‒‒‒ 坡向 ——▶ ‒‒‒‒‒	热水回水管	—— RH ——
排水明沟	坡向 ——▶	生活给水管	—— J ——
膨胀管	—— PZ ——	生活冷水管	▬▬▬▬
热媒给水管	—— RM ——	通气管	—— T ——
热媒回水管	—— RMH ——	污水管	—— W ——

2.3.9　管道附件图例

管道附件图例见表 2-14。

表 2-14　管道附件图例

名　　称	符号图例	实物图例
Y 形除污器		

续表

名　称	符号图例	实物图例
波纹管		
挡墩	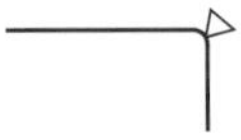	
方形地漏		
方形伸缩器		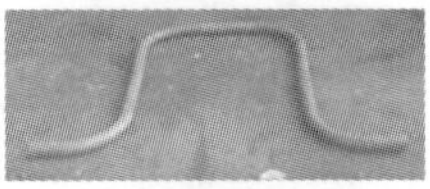
防回流污染止回阀	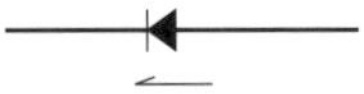	
刚性防水套管	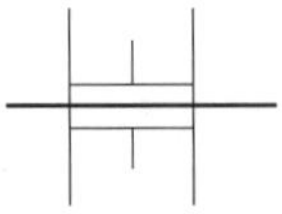	
管道固定支架		
管道滑动支架	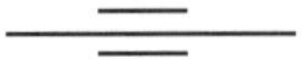	
减压孔板		
可曲挠橡胶接头		
立管检查口		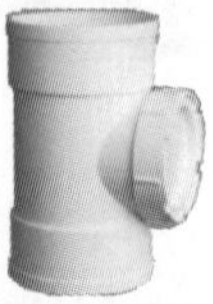

续表

名　称	符号图例	实物图例
毛发聚集器	 平面　系统	
排水漏斗	 平面　系统	
清扫口	 平面　系统	
柔性防水套管	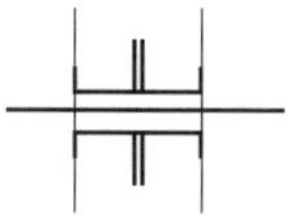	
套管伸缩器	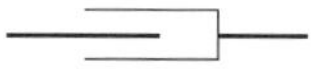	
通气帽	 成品　铅丝球	
吸气阀		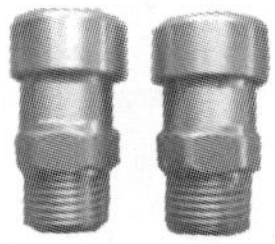
雨水斗	 YD- 平面　YD- 系统	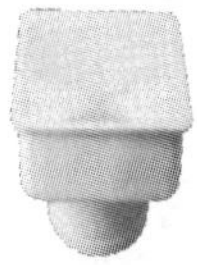
圆形地漏	 通用。如为无水封，地漏应加存水弯	
自动冲洗水箱		

2.3.10 管道连接图例

管道连接图例见表2-15。

表 2-15 管道连接图例

名　　称	符号图例	实物图例
承插连接		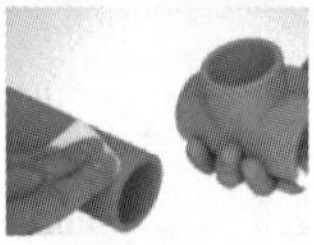
法兰堵盖		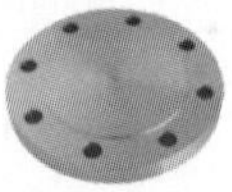
法兰连接	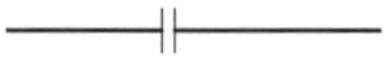	
管道丁字上接	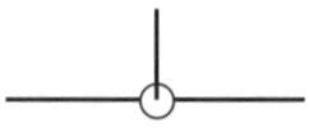	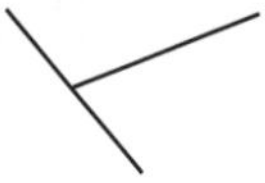
管道丁字下接	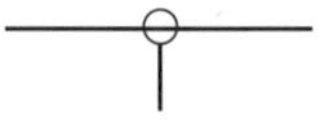	
管道交叉	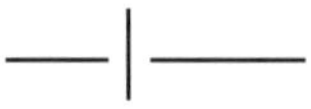 在下方和后面的管道应断开	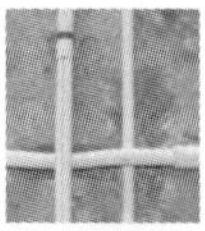
管堵		
活接头		
盲板		
三通连接		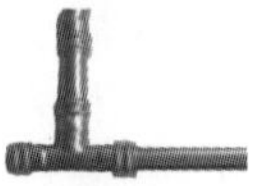
四通连接	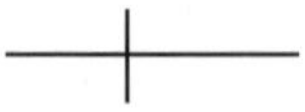	
弯折管	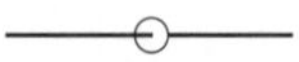 表示管道向后 及向下弯转90°	

2.3.11　管件图例

管件图例见表 2-16。

表 2-16　管件图例

名　称	符号图例	实物图例
存水弯		
短管		
喇叭口	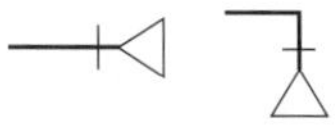	
偏心异径管		
弯头		
斜三通		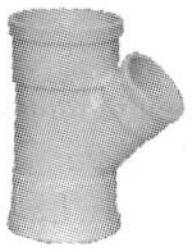
斜四通	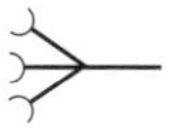	
乙字管		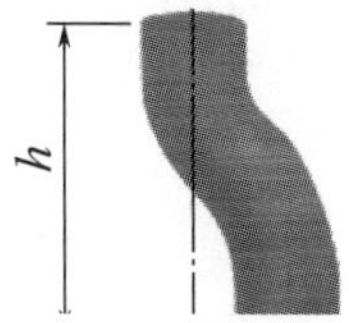
异径管	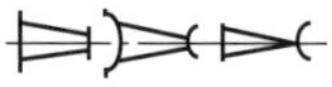	
浴盆排水件		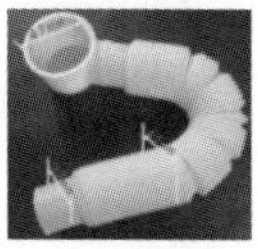

续表

名　称	符号图例	实物图例
正三通	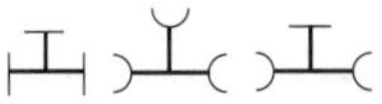	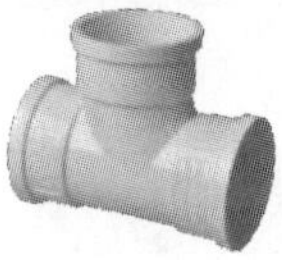
正四通		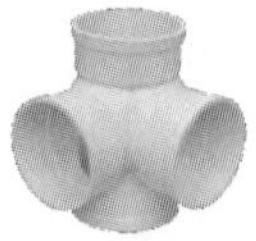
转动接头		

2.3.12　消防设施图例

消防设施图例见表 2-17。

表 2-17　消防设施图例

名　称	符号图例	名　称	符号图例
侧喷式喷洒头	 平面　　系统	雨淋灭火给水管	 ——— YL ———
侧墙式自动喷洒头	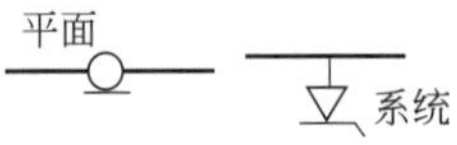 平面　　系统	预作用报警阀	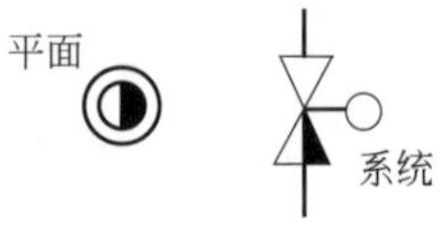 平面　　系统
干式报警阀	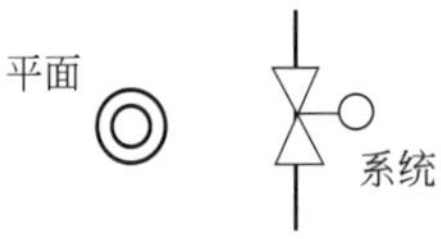 平面　　系统	自动喷洒头（闭式）	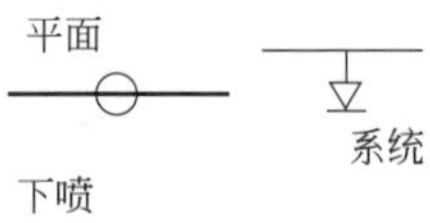 平面　　系统　下喷
末端测试阀	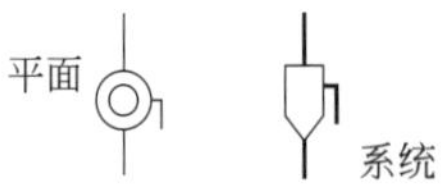 平面　　系统		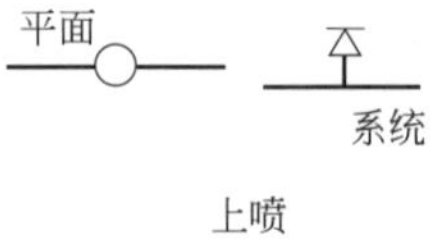 平面　　系统　上喷
			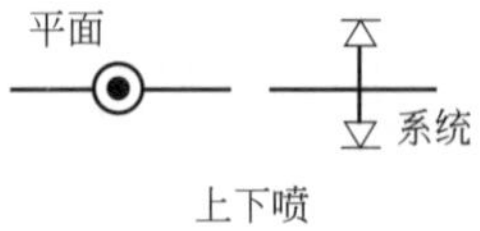 平面　　系统　上下喷
湿式报警阀	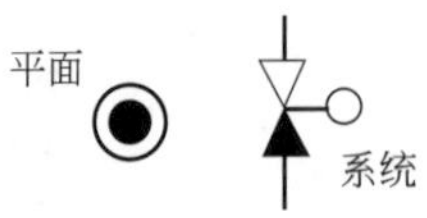 平面　　系统	自动喷洒头（开式）	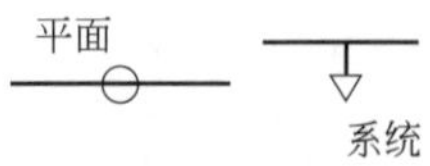 平面　　系统

续表

名　称	符号图例	名　称	符号图例
室内消火栓（单口）	平面　　　系统 白色为开启面	自动喷水灭火给水管	—— ZP ——
室内消火栓（双口）	平面　　　系统	水炮灭火给水管	—— SP ——
室外消火栓		推车式灭火器	
水泵接合器		消火栓给水管	—— XH ——
水力警铃		遥控信号阀	
水流指示器	—Ⓛ—	雨淋阀	平面　　　系统
水幕灭火给水管	—— SM ——	水炮	

2.3.13　其他常用设备图例

其他常用设备图例如图 2-23 所示。

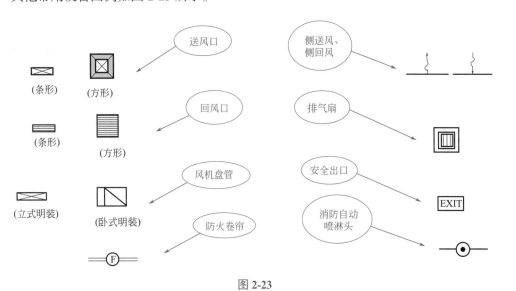

图 2-23

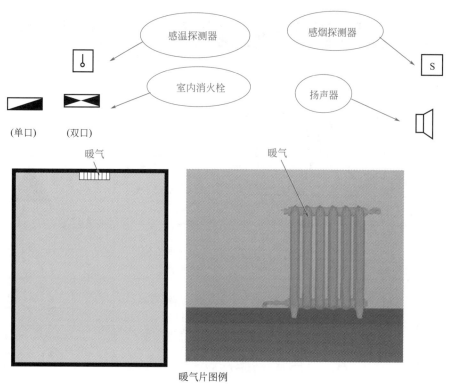

暖气片图例

图 2-23　其他常用设备图例

2.4　电相关图例

扫码看视频

开关常用图例

2.4.1　开关常用图例

开关常用图例见表 2-18。

表 2-18　开关常用图例

名称	图例	名称	图例
按钮（开关）	◎	三极开关	
暗装单极开关		三联单控开关	
暗装三极开关		三位单极开关	
暗装双极开关		三位双控开关	
带漏电保护空气开关		声、光控开关	

名称	图例	名称	图例
单极开关		双极开关	
单极拉线开关		双控单极开关	
单极双控拉线开关		双控开关单极三线	
单极限时开关		双联单控开关	
单联单控开关		四控开关、四位开关	
单位单控开关		四联单控开关	
吊扇开关		锁钥开关	
多拉开关、多位单极开关		一位单极开关	
二位单极开关		钥匙开关	
防爆单极开关		自动空气开关	
防爆三极开关		密闭防水单极开关	
防爆双极开关		密闭防水三极开关	
紧急呼叫按钮（开关）		密闭防水双极开关	
具有指示灯的开关		门铃开关	
可调节开关			

扫码看视频

插座常用图例

2.4.2 插座常用图例

插座常用图例见表2-19。

表2-19 插座常用图例

名称	图例	名称	图例
暗装插座	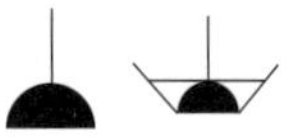 	电视插座	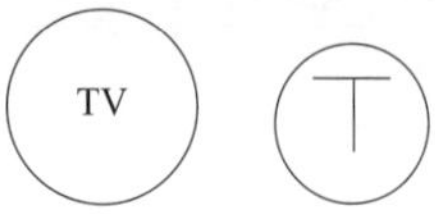
暗装接地单相插座		电信插孔、电信插座	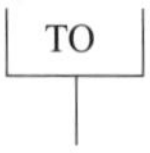
传真机插座	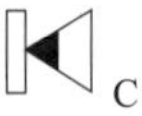	多个插座	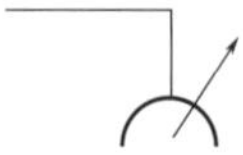
带保护极单极开关电源插座		防爆插座	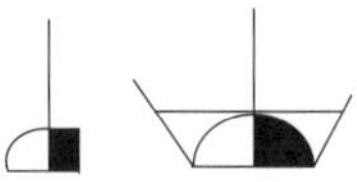
带保护极电源插座		防溅式插座	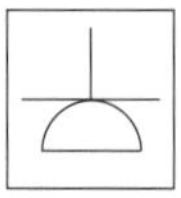
带保护接点插座、带接地插孔的单相插座	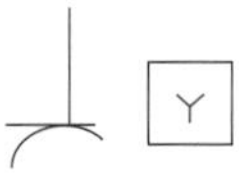	防水带接地插孔的三相插座	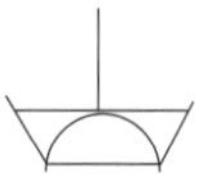
带单极开关二、三极插座	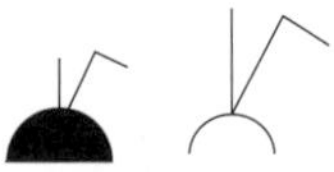	公用电话插座	
带接地插孔的三相插座	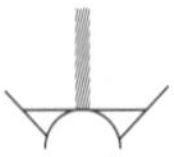	具有单极开关的插座	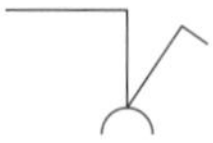
带熔断器的插座	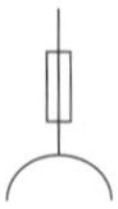	具有护板的插座	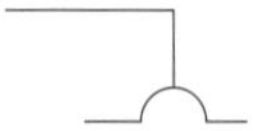
单相三极插座		空调插座（带开关单三插座）	
单相插座		两位单相双用插座	

续表

名称	图例	名称	图例
单相二、三极插座		密闭（防水）插座	
单相空调插座	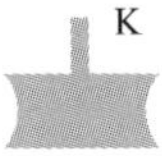 K	普通电源插座	
单相空调电源插座	 K	三相空调电源插座	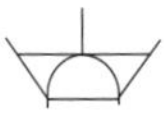
地面插座	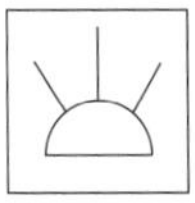	双联二、三极暗装插座	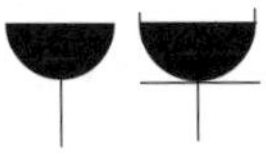
电话插孔、电话插座	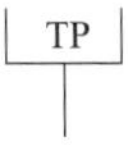 TP	信息插座	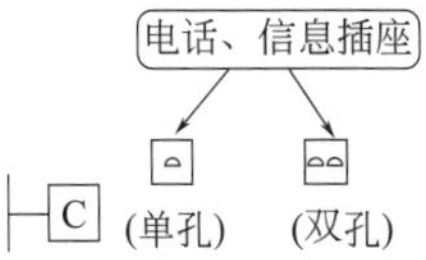 电话、信息插座　C（单孔）（双孔）
电话插座	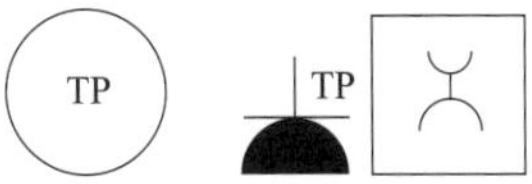 TP　TP	应急照明五孔板式插座	
计算机插座、网络插座	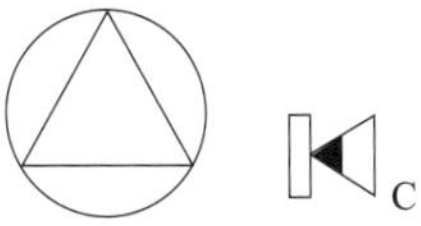 C	有线电视信号插座	 TV
电热水器插座	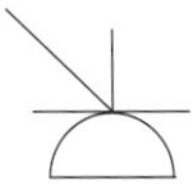	直线电话插座	
电视插孔、电视插座、有线电视插座	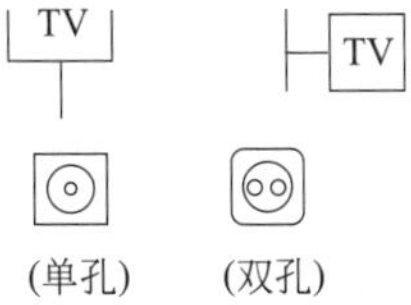 TV　TV（单孔）（双孔）		

2.4.3　灯光照明常见图例

灯光照明常见图例见表 2-20。

表 2-20　灯光照明常见图例

名称	图例	名称	图例
安全出口灯	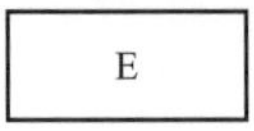 E	节能筒灯	
暗藏灯带	------------	节能组合灯	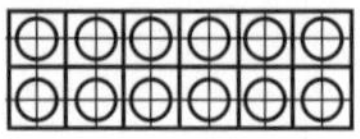
暗藏日光灯管、暗藏T4灯管		金属卤化物灯	
壁灯	B、	聚光灯	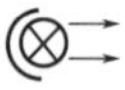
藏灯		喇叭吊灯	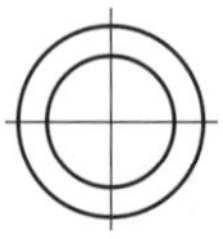
长明灯		卤素灯	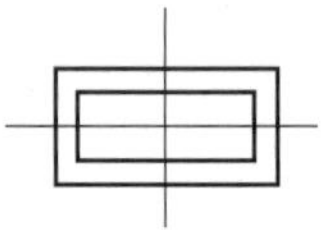
单管荧光灯		落地灯	
单灯罩吊灯	Ⓢ	灭蝇灯	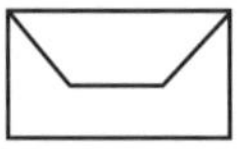
单体吊灯		明装日光灯、明装T4灯管	
单头吸顶灯	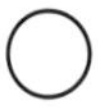	霓虹灯	
导轨射灯		墙灯	
灯的一般符号		射灯	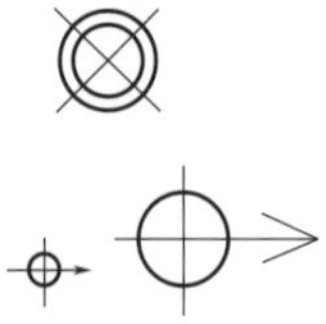
地灯		石英射灯	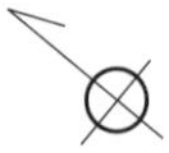
吊灯	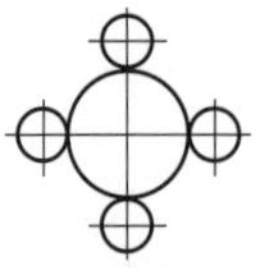	事故照明线	----------------------

续表

名称	图例	名称	图例
豆胆灯		疏散灯	
多头吸顶灯	 Ⓓ	双管荧光灯	
泛光灯	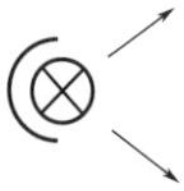	双头豆胆灯	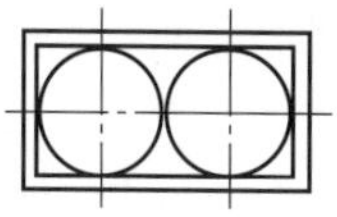
防爆、防雾灯		水下灯	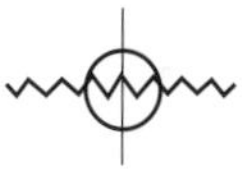
防水、防潮吸顶灯		四头正方形豆胆灯	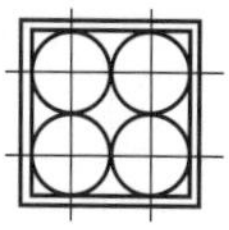
防雾筒灯	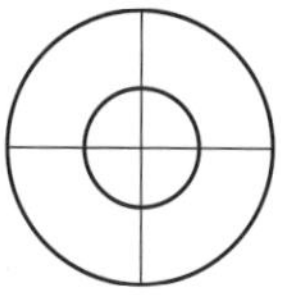	踏步灯	
服务提醒灯	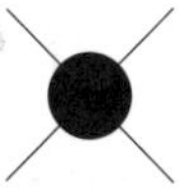	台灯	
格栅灯、荧光灯	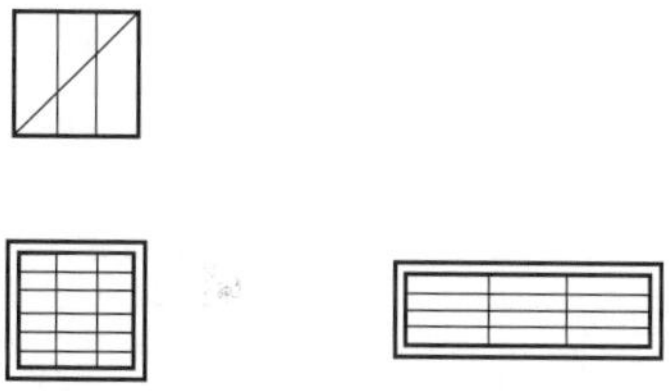 (正方形)　　(长方形)	天棚吸顶灯	
格栅射灯	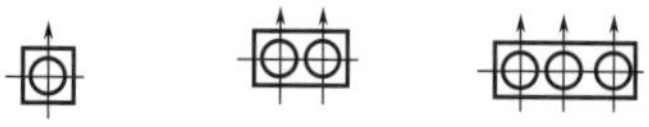 (单头)　(双头)　(三头)	庭院灯	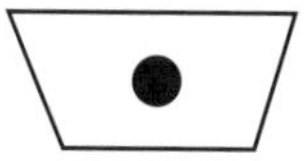
工矿灯	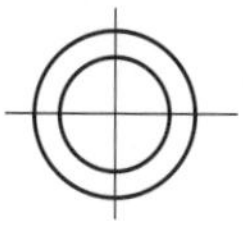	筒灯	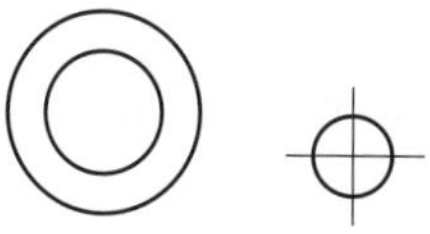

名称	图例	名称	图例
轨道射灯	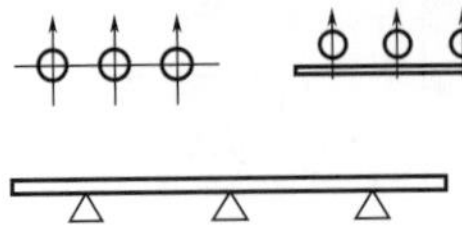	投光灯	
呼叫灯(二、三极插座)	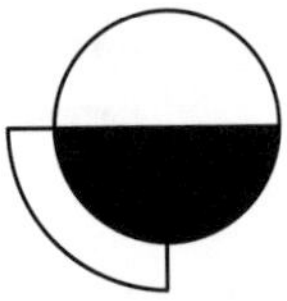	弯灯	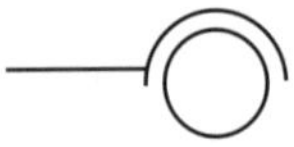
激光灯	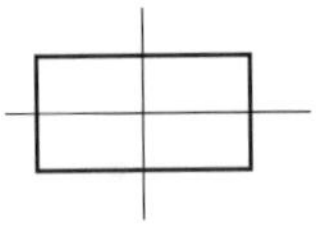	吸顶灯	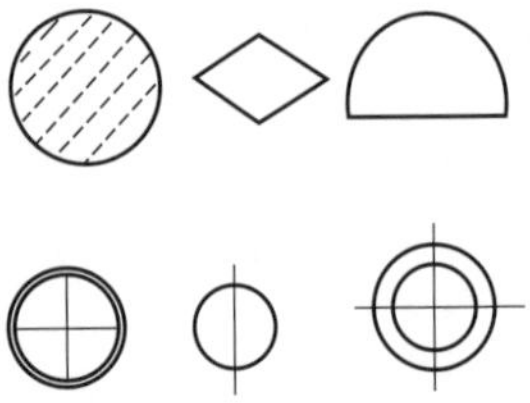
节能灯	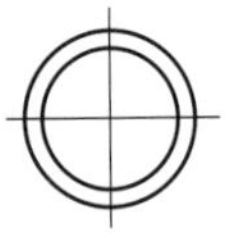	艺术吊灯	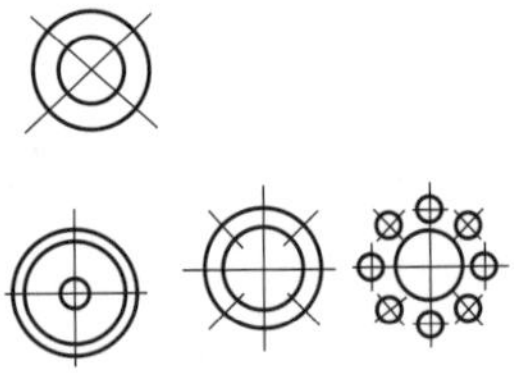
招牌射灯	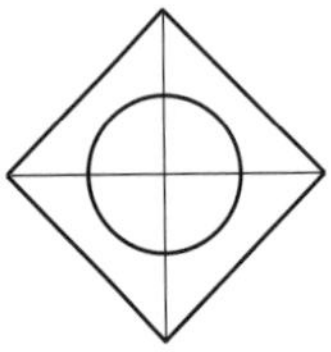	应急灯	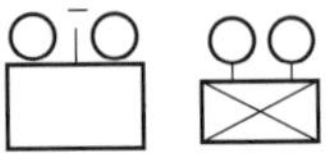
枝形吊灯	G	造型灯	
自带电源的事故照明灯、应急灯		组式吊灯	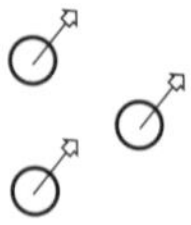
疏散指示灯			

2.4.4 其他有关图例

其他有关图例见表 2-21。

表 2-21　其他有关图例

名称	图例	名称	图例
2×40W 光管支架	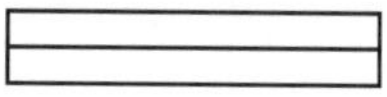	1×40W 光管支架	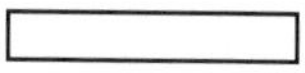
按钮（一般符号）		熔断器	
插座箱	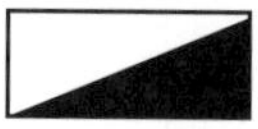	总线短路保护器	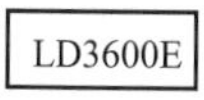 LD3600E
插座箱板	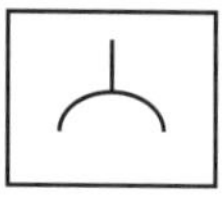	吊扇	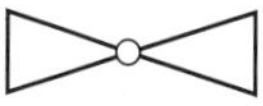
床头控制柜	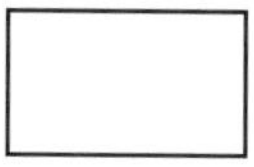	无接地极	
垂直通过配线		电话交换机	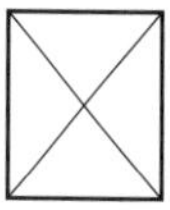
电话出线盒	 H	电警笛报警器	
电铃		避雷器	
电钟（一般符号）		向上配线	
断路器		音箱调节器	
反光灯盘		总等电位联结箱	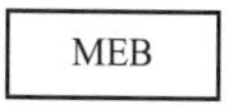 MEB
分支器箱	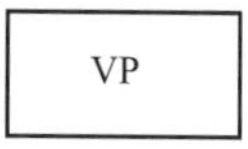 VP	智能编码手动报警按钮	

名称	图例	名称	图例
感温探测器		屏、台、箱、柜（一般符号）	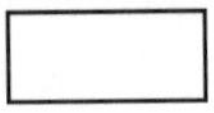
隔离开关	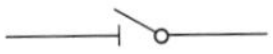	光电感烟探测器	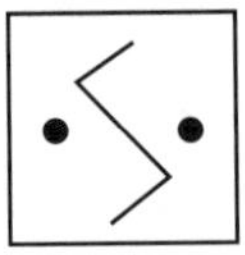
换气扇	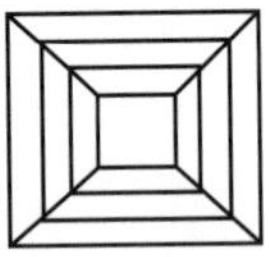	感烟探测器	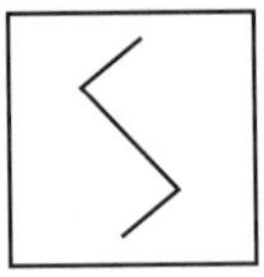
火警声光迅响器	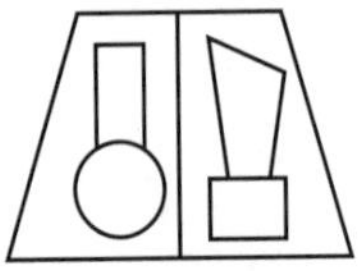	电视前端箱	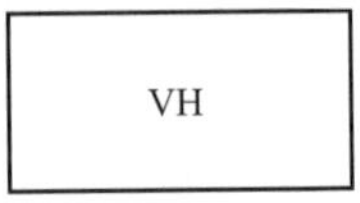 VH
火灾自动报警控制箱（Aa）	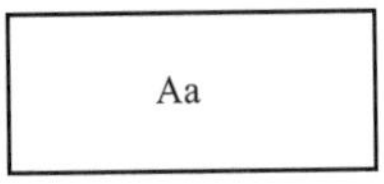 Aa	音箱柱	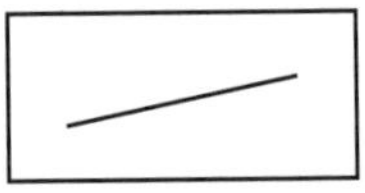
开关箱		隔离模块	
控制模块	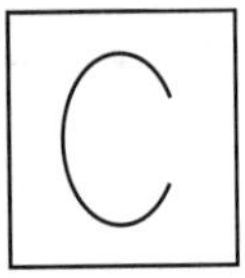 C	电话配线箱	
宽带进线箱	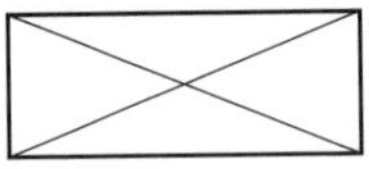	卷闸门控制箱	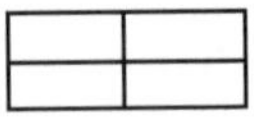
暖色光管		背景音乐喇叭	
排气扇	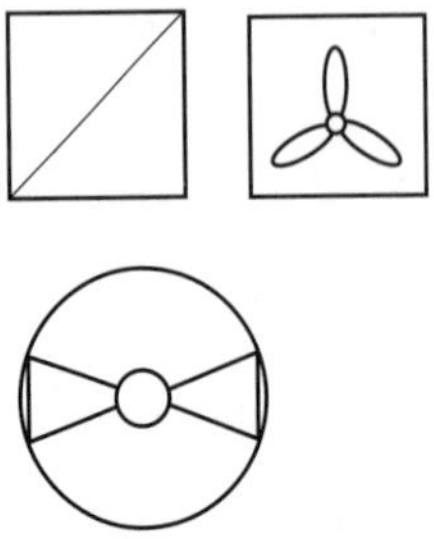	浴霸	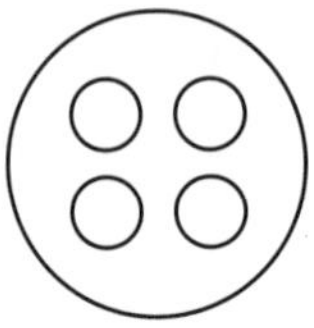

名称	图例	名称	图例
配电箱	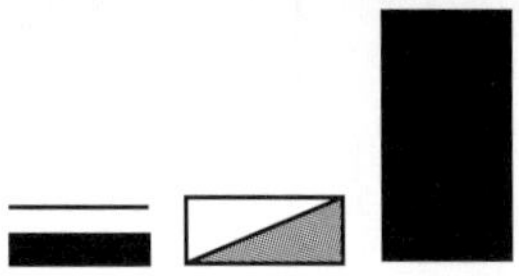	常开触点	
手动报警器		智能型感烟探测器	
双鉴探测器	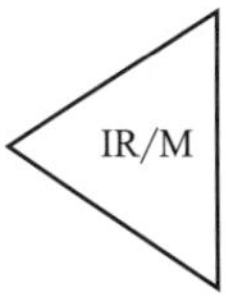 IR/M	枪机	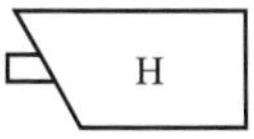 H
水流指示器		信号阀	
四分配器	 G	门铃	 ML
卫生间排风扇		控制器	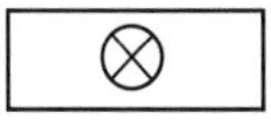 ⊗
吸顶式双鉴探测器	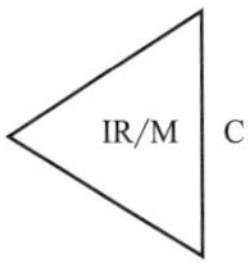 IR/M　C	球形摄像机	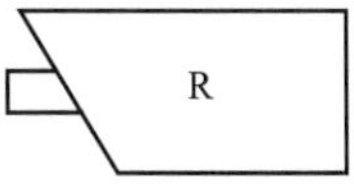 R
扬声器	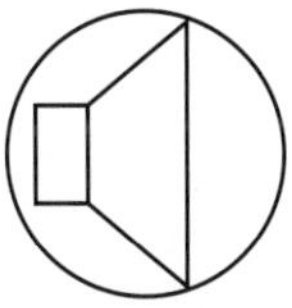	消防电话	
音箱	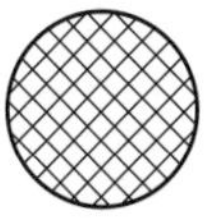	接线盒	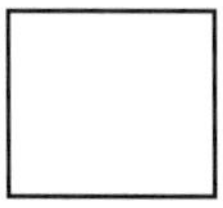
有接地极		接地一般符号	

续表

名称	图例	名称	图例
智能型感温探测器		监视模块	M
主监视器	Mm	轴流风机	
自动开关箱		带熔断器的刀开关箱	

一些与电气有关的图例见图 2-24。

图 2-24　一些与电气有关的图例

第3章 | 制图识图标注

3.1 常见的标注

3.1.1 颜色表示的标注

颜色表示的标注见表 3-1。

表 3-1 颜色表示的标注

颜色	字母代码	颜色	字母代码
黑色	BK	棕色	BN
红色	RD	橙色	OG
黄色	YE	绿色	GN
蓝色、淡蓝色	BU	紫色、紫红色	VT
灰色、蓝灰色	GY	白色	WH
粉红色	PK	金黄色	GD
青绿色	TQ	银白色	SR
绿/黄双色	GNYE		

注：字母大写与小写具有相同的意义。

3.1.2 建筑常用的构件的标注

建筑常用的构件的标注见表 3-2。

表 3-2 建筑常用的构件的标注

名称	代号	名称	代号	名称	代号
板	B	圈梁	QL	承台	CT
屋面板	WB	过梁	GL	设备基础	SJ

续表

名称	代号	名称	代号	名称	代号
空心板	KB	连系梁	LL	桩	ZH
槽形板	CB	基础梁	JL	挡土墙	DQ
折板	ZB	楼梯梁	TL	地沟	DG
密肋板	MB	框架梁	KL	柱间支撑	ZC
楼梯板	TB	框支梁	KZL	垂直支撑	CC
盖板或沟盖板	GB	屋面框架梁	WKL	水平支撑	SC
挡雨板或檐口板	YB	檩条	LT	梯	T
吊车安全走道板	DB	屋架	WJ	雨篷	YP
墙板	QB	托架	TJ	阳台	YT
天沟板	TGB	天窗架	CJ	梁垫	LD
梁	L	框架	KJ	预埋件	M-
屋面梁	WL	钢架	GJ	天窗端壁	TD
吊车梁	DL	支架	ZJ	钢筋网	W
单轨吊车梁	DDL	柱	Z	钢筋骨架	G
轨道连接	DGL	框架柱	KZ	基础	J
车挡	CD	构造柱	GZ	暗柱	AZ

注：1. 除混凝土构件可以不注明材料代号外，其他材料的构件可在构件代号前加注材料代号，并在图纸中加以说明。
2. 预应力混凝土构件的代号，在构件代号前加注"Y"，如 Y-DL 表示预应力混凝土吊车梁。

 拓 展

很多装修图纸中所用的字母是根据其汉语拼音的首字母来表示的。例如 M，往往表示门。门的拼音的首字母就是 M。例如 C，往往表示窗户。窗的拼音的首字母就是 C。

3.2 水路图的标注

3.2.1 管道类别的标注

管道类别是以其名称的汉语拼音字母表示的。具体的管道类别对应的字母见表 3-3。

表 3-3　管道类别对应的字母

名称	表示的字母	名称	表示的字母
热媒给水管	RM	雨水管	Y
热媒回水管	RMH	压力雨水管	YY
热水给水管	RJ	废水管	F
热水回水管	RH	压力废水管	YF
生活给水管	J	凝结水管	N
循环给水管	XJ	污水管	W
循环回水管	XH	压力污水管	YW
蒸汽管	Z	膨胀管	PZ
中水给水管	ZJ	通气管	T

例如，废水管表示的标注如图 3-1 所示。

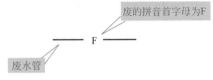

废的拼音首字母为F

废水管

图 3-1　废水管表示的标注

3.2.2　管道图中字母符号标注的意义

管道图中字母符号标注的意义如下。

D_e 表示塑料管的外径。

DN 表示焊接钢管、阀门、管件的公称通径。

d 表示钢筋混凝土管或非金属管的内径。

D 表示焊接钢管的内径。

G 表示管螺纹。

i 表示管道的坡度。

$R(r)$ 表示管道的弯曲半径。

δ 表示管材、板材的厚度。

ϕ 表示无缝钢管的外径、机器设备的直径。

3.2.3　管道实例的标注

管道实例的标注如图 3-2 所示。

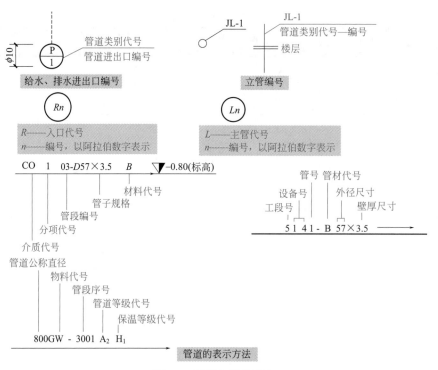

图 3-2　管道实例的标注

3.2.4　单管与多管的标注

单管与多管的标注如图 3-3 所示。

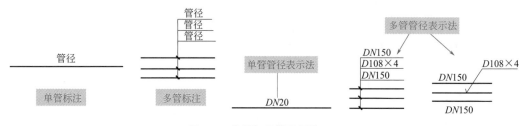

图 3-3　单管与多管的标注

3.2.5　管道的坡度与坡向的标注

管道的坡度与坡向的标注如图 3-4 所示。

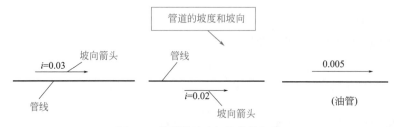

图 3-4　管道的坡度与坡向的标注

3.2.6　低噪声 PVC 管的标注

低噪声 PVC 管的标注如图 3-5 所示。

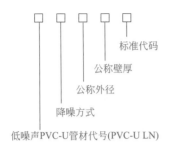

标准代码

公称壁厚

公称外径

降噪方式

低噪声PVC-U管材代号(PVC-U LN)

→ **按降低噪声的方式分为:**
①厚壁型降噪管材,代号为HB:
②高密度型降噪管材,代号为GM。

图 3-5　低噪声 PVC 管的标注

3.2.7　面盆水嘴型号的标注

面盆水嘴型号的标注如图 3-6 所示,其标注中有关代码含义见表 3-4 ～表 3-8。

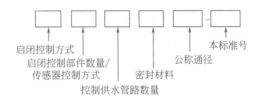

启闭控制方式
启闭控制部件数量/
传感器控制方式
控制供水管路数量
密封材料
公称通径
本标准号

图 3-6　面盆水嘴型号的标注

表 3-4　面盆水嘴按启闭控制方式的分类

启闭控制方式	机械式	非接触式
代号	J	F

表 3-5　机械式面盆水嘴按启闭控制部件数量的分类

启闭控制部件数量	单柄	双柄
代号	D	S

表 3-6　非接触式面盆水嘴按传感器控制方式的分类

传感器控制方式	反射红外线式	遮挡红外线式	热释电式	微波反射式	超声波反射式	其他类型
代号	F	Z	R	W	C	Q

表 3-7　面盆水嘴按控制供水管路数量的分类

供水管路的数量	单控	双控
代号	D	S

表 3-8　面盆水嘴按密封材料的分类

密封材料	陶瓷	非陶瓷
代号	C	F

3.2.8　卫生洁具及暖气管道用直角阀的标注

卫生洁具及暖气管道用直角阀的标注如图 3-7 所示，其标注中有关代码含义见表 3-9～表 3-11。

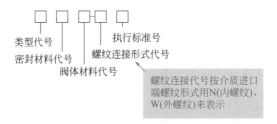

图 3-7　卫生洁具及暖气管道用直角阀的标注

表 3-9　产品类型代号

产品类型	卫生洁具直角阀	暖气管道直角阀
代号	JW	JN

表 3-10　密封材料代号

密封材料	铜合金	橡胶	尼龙塑料	氟塑料	合金钢	陶瓷	其他
代号	T	X	N	F	H	C	Q

表 3-11　阀体材料代号

阀体材料	铜合金	不锈钢	铸铁	塑料	其他
代号	T	B	Z	S	Q

3.2.9　燃气取暖器编号的标注

燃气取暖器编号的标注如图 3-8 所示，其标注中有关代码含义见表 3-12～表 3-15。

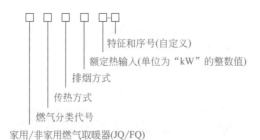

图 3-8　燃气取暖器编号的标注

表 3-12　取暖器按适用场所分类

分类	代号
家用取暖器	JQ
非家用取暖器	FQ

表 3-13　取暖器按燃气种类以及燃气额定供气压力分类

分类	代号	燃气种类	燃气额定供气压力 /kPa
人工煤气取暖器	R	3R、4R、5R、6R、7R	1.0
天然气取暖器	T	3T、4T、6T	1.0
		10T、12T	2.0
液化石油气取暖器	Y	19Y、20Y、22Y	2.8

表 3-14　取暖器按传热方式分类

分类		代号
辐射式取暖器	高强度辐射取暖器	G
	低强度辐射取暖器	D
对流式取暖器	换热式取暖器	R
	强制混新风式取暖器	H

表 3-15　取暖器按排烟方式分类

分类		代号
直排式取暖器		Z
平衡式取暖器	自然平衡式取暖器	P
	强制平衡式取暖器	G
烟道式取暖器	烟道式自然排气取暖器	D
	烟道式强制排气取暖器	Q

3.3　电路图的标注

3.3.1　相序的标注

相序的标注见表 3-16。

表 3-16　相序的标注

名　称	符　号	说明
相序的标注	A	A 相（第一相）涂黄色
	B	B 相（第二相）涂绿色
	C	C 相（第三相）涂红色
	N	N 相为中性线，涂黑色
	L1	交流系统电源第一相
	L2	交流系统电源第二相
	L3	交流系统电源第三相
	U	交流系统设备端第一相
	V	交流系统设备端第二相
	W	交流系统设备端第三相
	N	中性线

3.3.2　线路的标注

线路的标注见表 3-17。

表 3-17　线路的标注

名　称	符　号	说明
线路的标注	WP	电力（动力回路）线路
	WC	控制回路
	WL	照明回路
	WEL	事故照明回路
	PG	配电干线
	LG	电力干线
	MG	照明干线
	PFG	配电分干线
	LFG	电力分干线
	MFG	照明分干线

3.3.3　导线敷设方式的标注

导线敷设方式的标注见表 3-18。

表 3-18　导线敷设方式的标注

名称	旧代号	新代号
穿电线管敷设	DG	TC
穿焊接钢管敷设	G	SC
穿聚氯乙烯管敷设	VG	PC
穿蛇皮管敷设	SPG	CP
穿阻燃半硬聚氯乙烯管敷设	ZVG	FPC
用瓷或瓷柱敷设	CP	K
用瓷夹敷设	CJ	PL
用电缆桥架敷设		CT
用钢线槽敷设	GC	SR
用塑料夹敷设	VJ	PCL
用塑料线敷设	XC	PR

3.3.4　导线敷设部位的标注

导线敷设部位的标注见表 3-19。

表 3-19　导线敷设部位的标注

名称	旧代号	新代号
暗敷设在不能进入的吊顶内	PNA	ACC
暗敷设在地面或地板内	DA	FC
暗敷设在梁内	LA	BC
暗敷设在墙内	QA	WC
暗敷设在屋面或顶板内	PA	CC
暗敷设在柱内	ZA	CLC
沿钢索敷设	S	SR
沿墙面敷设	QM	WE
沿天棚面或顶板面敷设	PM	CE
沿屋架或跨屋架敷设	LM	BE
沿柱或跨柱敷设	ZM	CLE
在能进入的吊顶内敷设	PNM	ACE

3.3.5　灯具安装方式的标注

灯具安装方式的标注见表 3-20。

表 3-20　灯具安装方式的标注

名称	旧代号	新代号
壁装式	B	W
吊线器式	X3	CP3
顶棚内安装（不可进人的顶棚）	DR	CR
防水吊线式	X2	CP2
固定线吊式	X1	CP1
管吊式	G	P
链吊式	L	Ch
嵌入式（不可进人的顶棚）	R	R
墙壁内安装	BR	WR
台上安装	T	T
吸顶式或直附式	D	S
线吊式	X	CP
支架上安装	J	SP
柱上安装	Z	CL
自在器吊式	X	CP
座装	ZH	HM

3.3.6　计算用的标注

计算用的标注见表 3-21。

表 3-21　计算用的标注

名　称	符　号	说　明
计算用的标注	P_e P_{is} I_{is} I_z K_x $\Delta U\%$ $\cos\varphi$	设备容量（kW） 计算负荷（kW） 计算电流（A） 整定电流（A） 需要系数 电压损失 功率因素

3.3.7　插座类型的标注

一些插座旁边有字母表示，该字母一般是电气设备的声母，如下所示。

B——冰箱插座。

K——空调插座。

X——洗衣机插座。

Y——抽油烟机插座。

Y——浴霸插座。

一些强电插座的标注如图 3-9 所示。一些弱电插座的标注如图 3-10 所示。

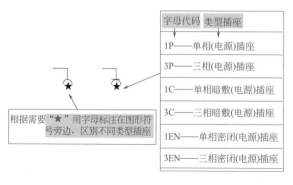

图 3-9　一些强电插座的标注

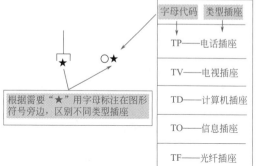

图 3-10　一些弱电插座的标注

但是，也有的设计不是这样标注的。因此，读图时应结合具体图的解释来确定。

3.3.8　导线的文字标注形式

导线的文字标注形式如图 3-11 所示。

图 3-11　导线的文字标注形式

3.3.9　常见导线的标注

常见导线的标注见表 3-22。

表 3-22　常见导线的标注

名称	解读
BV(3×50+1×25)SC50-FC	BV——线路是铜芯塑料绝缘导线 3——3 根 50mm^2 1——1 根 25mm^2 SC50——穿管径为 50mm 的钢管 FC——沿地面暗敷
BV-2×2.5	BV——铜芯塑料绝缘线 2——两根 2.5——电线截面积为 2.5mm^2
BV-3×2.5-PC-CC,WC	BV——电线 3×2.5——进线是 3 根 2.5mm^2 的电线 PC——电缆穿难燃硬质塑料管敷设 CC——电线暗敷设在顶板内 WC——电线暗敷设在墙内

续表

名称	解读
BVR-1×2.5-MR/PC20/WC	BVR——线型 1——1 根 2.5——电线截面积为 2.5mm^2 MR/PC20——聚氯乙烯硬质管，管径是 20mm WC——暗敷设在墙内
RVVP2×32/0.2	RVVP——R 是指软线；VV 是指双层护套线；P 是指屏蔽 2——2 芯多股线 32——每芯有 32 根铜丝 0.2——每根铜丝直径为 0.2mm
SYV 75-5-1（A、B、C）	SYV——S 是指射频；Y 是指聚乙烯绝缘；V 是指聚氯乙烯护套 75——75Ω 5——线径为 5mm 1——单芯 A——64 编 B——96 编 C——128 编
SYWV 75-5-1	SYWV——S 是指射频；Y 是指聚乙烯绝缘；W 是指物理发泡；V 是指聚氯乙烯护套 75——75Ω 5——线缆外径为 5mm 1——单芯
VV25×3+16×2	VV——聚氯乙烯塑料、聚氯乙烯护套的双层电力电缆 25×3+16×2——3 根 25mm^2、2 根 16mm^2 的铜芯线
WL2-BV(3×2.5)SC15 WC	表示 2 号照明线路、3 根 2.5mm^2 铜芯塑料绝缘导线穿钢管沿墙暗敷
WP1-BV(3×50+1×35)CT CE	1——1 号动力线路，导线型号为铜芯塑料绝缘线 3×50——3 根 50mm^2 1×35——1 根 35mm^2 CT CE——沿顶板面用电缆桥架敷设
ZR-BV-1×2.5	ZR——国家电线标注里面的阻燃的意思 BV——铜芯塑料绝缘线 1——1 根 2.5——电线截面积为 2.5mm^2
ZR-RVS2×24/0.12	ZR-RVS 中的 ZR——ZR 是指阻燃；R 是指软线；S 是指双绞线 V——聚氯乙烯护套 2——2 芯多股线 24——每芯有 24 根铜丝 0.12——每根铜丝直径为 0.12mm

3.3.10 光源类型的标注

光源类型的标注见表 3-23。

表 3-23　光源类型的标注

光源的类型	拼音代号	英文代号
白炽灯	B	IN
电弧灯	ARC	—
汞灯	G	Hg
红外线灯	IR	—
卤（碘）钨灯	L	IN
钠灯	N	Na
氖灯	Ne	—
荧光灯	Y	FL
紫外线灯	UV	—

3.3.11　照明灯具的标注

照明灯具的标注如图 3-12 所示。

一些实例照明灯具的标注见表 3-24。

表 3-24　一些实例照明灯具的标注

举　　例	解　　释
$\dfrac{25}{2.4}B$	B——壁灯 25——25W 灯泡 2.4——距地面 2.4m
$\dfrac{40}{2.2}L$	L——吊链 40——40W 灯具 2.2——距地面 2.2m

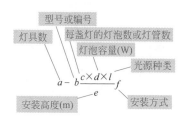

图 3-12　照明灯具的标注

3.3.12　一些电器实例的标注

一些电器实例的标注见表 3-25。

表 3-25　一些电器实例的标注

举　　例	解　　释
DZ12-60/1×4	DZ——塑料外壳自动式空气开关 12——设计代号及派生产品代号 60——额定电流为 60A 1——单极（单刀） 4——4 个 DZ12-60/1
DZ10-100/330	DZ——自动式空气开关 10——设计序号 100——额定电流为 100A 3——3 极（3 刀） 3——复式热脱扣器 0——无辅助触头

续表

举　例	解　释
RC1-15/10	RC1——插入式熔断器（磁插保险） 15——额定电流为 15A 10——熔丝 10A 时熔断
HK1-15/10	HK1——负荷开启式开关（胶盖刀开关） 15——额定电流为 15A 10——电流达到 10A 即跳闸
LQG0.5-100/5	L——互感器 Q——高强度 G——漆包线 0.5——0.5kV 100——额定电流为 100A 5——熔丝为 5A
PXT(R)-3-3×3/1B	PXT（R）——普通分线箱（嵌入式） 3——分 3 路进线 3×3——3 组，每组 3 根 1——动作方式 B——保护装置

扫码看视频

识读实例的
导线、电器

【举例】　识读实例的导线、电器如图3-13所示。

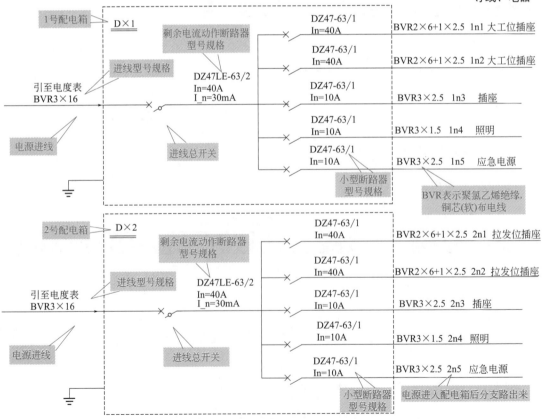

图 3-13　识读实例的导线、电器

3.3.13　照明配电箱型号的标注

照明配电箱型号的标注如图 3-14 所示。

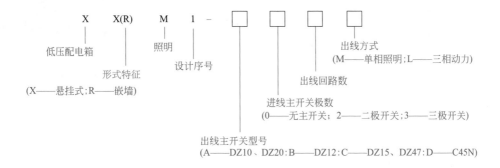

图 3-14　照明配电箱型号的标注

 拓 展

箱（柜）符号代码的标注图解如图 3-15 所示。

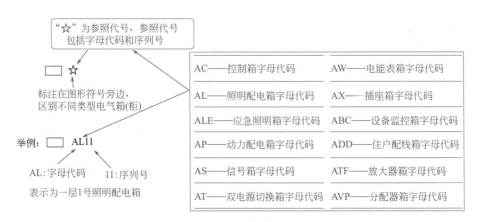

图 3-15　箱（柜）符号代码的标注图解

3.3.14　用电设备的文字标注

用电设备的文字标注如图 3-16 所示。

图 3-16　用电设备的文字标注

第**4**章 | 图审、图纸深度与CAD制图要求

4.1 图审与制图的要求概述

4.1.1 施工图设计文件的总体要求

建筑装饰装修设计的施工图设计文件，一般需要根据已获批准的设计方案进行编制，内容是以施工图设计图纸为主。其中，室内装饰设计图纸有新绘图、重复利用图、标准图等类型。

建筑装饰装修设计的施工图设计文件编制顺序依次为：封面、扉页、图纸目录、设计与施工说明书、建筑装饰做法表与材料表、图纸等。

施工图设计文件的总体要求如图4-1所示。

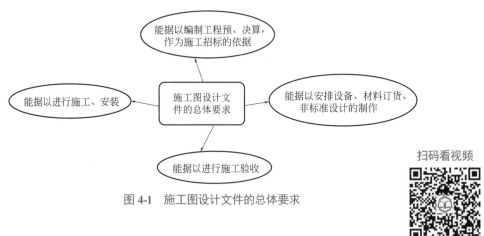

图 4-1 施工图设计文件的总体要求

扫码看视频

封面与目录

4.1.2 施工图设计文件的封面与目录

装饰装修设计的施工图设计文件封面的内容如图4-2所示。制作图册的封面，往往需要工程名称、公司名称、设计师姓名、联系电话等信息。有的装修公司、设计公司有统一的封面。

室内装饰设计图纸目录包括的内容如图4-3所示。某家装图纸目录包括的内容如图4-4所示。不同的家装项目，具体的图纸类型不同。例如有些家装项目的平面图包括：原始平面图、拆墙平面图、隔墙平面图、平面布置图、天花平面图、地面材料分布平面图、配电系统图、插座布置图、开关分布图、灯电平面图、给水平面布置图等。

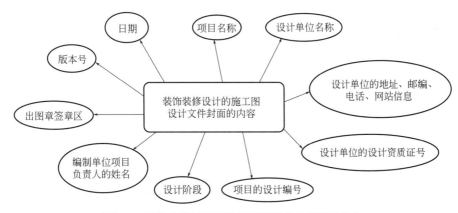

图 4-2　装饰装修设计的施工图设计文件封面的内容

图纸目录，有的装修公司、设计公司有统一的目录格式，包括统一的页号、图号格式。

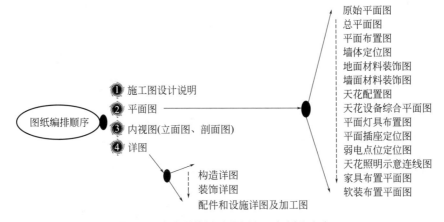

图 4-3　室内装饰设计图纸目录包括的内容

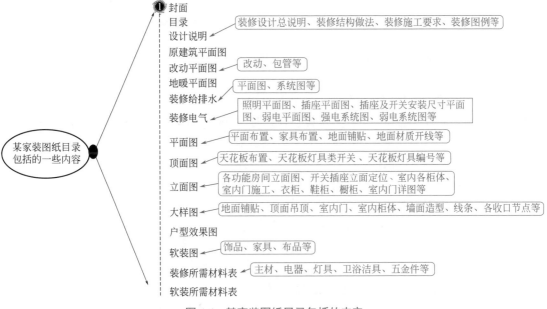

图 4-4　某家装图纸目录包括的内容

![小结图标] **小 结**

绘制施工图的顺序——平立剖。平，指的是平面图；立，指的是立面图。剖，指的是剖面图。

4.1.3 图审与审查的要点

有的地方，为了规范装修以及推行建筑、装修设计一体化等需要，对全装修住宅施工图、其他相关装饰装修施工图等图纸提出了审查要求的制度，也就是图审。

装饰装修施工图图审，除了施工图审查机构图审外，其实装饰装修施工图制图时也需要设计人员、制图人员进行自觉审查，即自审、他审、总监审。为此，学习装饰装修施工图的制图、识图，还应掌握、了解有关图审的一些审查内容与要求，这样便于制图、识图的顺利。

一般住宅装修施工图审查的要点如图4-5所示。有的公共建筑装修装饰工程施工图审查的要点如图4-6所示。

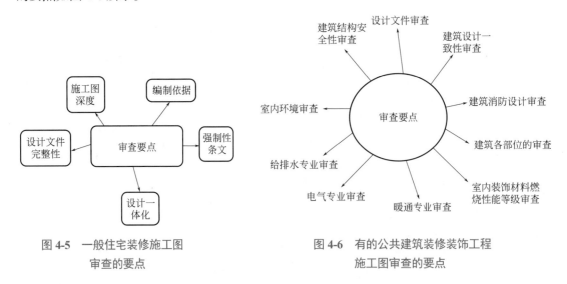

图4-5 一般住宅装修施工图
审查的要点

图4-6 有的公共建筑装修装饰工程
施工图审查的要点

4.1.4 装修施工图设计文件审查的依据

装修施工图设计文件审查的依据，主要是有关现行标准、规范、文件、通知等文件。如果标准、规范、文件、通知等文件有修订、补充时，则一般是以修订、补充的内容为准。

装修施工图设计文件审查的依据，其实也就是制图识图的一些依据。

制图识图的一些具体依据如下。

①有关禁止或者限制生产、使用的用于建设工程的材料的有关规定。

②有关推广应用、限制禁止的使用技术。

③有关禁止工程施工使用现场搅拌砂浆等通知。

④《住宅设计规范》《住宅设计标准》《住宅建筑规范》《居住建筑节能设计标准》《住宅装饰装修工程施工规范》。

⑤《建筑照明设计标准》《建筑玻璃应用技术规程》《建筑安全玻璃管理规定》。

⑥《住宅工程套内质量验收规范》《建筑装饰装修工程质量验收规范》。

⑦《地面辐射供暖技术规程》《民用建筑水灭火系统设计规程》《自动喷水灭火设计规范》《建筑设计防火规范》《建筑内部装修设计防火规范》。

⑧《民用建筑隔声设计规范》《民用建筑电气设计规范》《建筑给水排水设计规范》《住宅二次供水设计规程》。

⑨《室内装饰装修材料地毯、地毯衬垫及地毯胶粘剂有害物质限量》《室内装饰装修材料　胶粘剂中有害物质限量》《室内装饰装修材料　壁纸中有害物质限量》《室内装饰装修材料　木家具中有害物质限量》《室内装饰装修材料　水性木器涂料中有害物质限量》《室内装饰装修材料　人造板及其制品中甲醛释放限量》等。

4.1.5　装修图纸审查的要求

装修图纸审查的具体要求比较多，涉及的方面也比较多。因此，制图前必须掌握当地现行有关装修图纸审查的要求。

有的地方对装修图纸审查的一些要求如下。

① 住宅，一般需要根据套型设计，并且应有卧室、起居室、厨房、卫生间、贮藏室或壁橱、阳台或阳光室等基本空间。

② 室内装修设计图纸中各房间名称一般要求与建筑施工图纸表达一致，不得擅自修改。

③ 住宅套型设计，需要考虑好自然通风，以及各功能间有关通风开口面积的要求。

④ 材料，在必要时需要提供相应的材料检测报告。

⑤ 低层、多层住宅的阳台栏杆或栏板的净高，要求不应低于 1.05m。

⑥ 阳台栏杆、栏板的净高，需要从阳台楼、地面或可踏面装修完成面算起。在地面布置图中用标高注明，以及必须符合强制要求的限值。

⑦ 中高层、高层住宅的阳台栏杆或栏板的净高，要求不应低于 1.1m。

⑧ 厨房及卫生间外墙上均应预留通风设备穿墙位置并与建筑施工图一致。

⑨ 厨房洗涤盆的废水排水管需要单独设置，并且不得与卫生间排水管连接，并且排水管道不得穿越卧室。在给排水平面图中需要表示厨房间、卫生间排水立管位置，并且符合强制要求。

⑩ 厨房由专业厂家设计，也需要提供图纸，并且包含在室内装修设计文件中。

⑪ 厨房平面布置图、固定家具布置图中，需要有表示操作面长度、厨房设备安置后净尺寸，以及需要有橱柜详图，并且所有尺寸均需要符合规定的限值。

⑫ 大于 3kg 的吊灯需要做埋件，并且需要在顶面图上表示出来，并且具有埋件详图。

⑬ 电气设计说明、设备表、平面图、系统图中应表示所有配电箱编号、型号，所有进出线路的保护电气、导线、电缆的规格，所有出线回路编号、敷设方式、用电设备名称、用电设备容量。

⑭ 电气设计说明、设备表、平面图中应表示所有插座的选型。

⑮ 电气设计说明中应表示照明功率密度值，并且不低于对应照度值。

⑯ 电气照明平面图中应表示每一单相分支回路光源数量，并且符合规定的限值。

⑰ 电梯井道不应紧邻卧室、起居室。电梯井道紧邻其他居住空间时，需要采取隔声措施。

⑱ 电梯井道装修图纸可以由电梯厂家提供，由装修设计单位与建筑单位、结构工程设计单位共同审核、确认。

⑲ 吊柜详图中，应表示出吊柜的深度。

⑳ 顶棚、墙面为多孔或泡沫状塑料的情况，则天花图、节点详图中需要表示其厚度、面积。

㉑ 给排水平面图、详图中需要给出管道的定位。

㉒ 给排水平面图、详图中应设计热水管线，并且示意预留热水供应设施的位置。

㉓ 给排水有关要求，应在给排水平面图、详图中明确表示，并且符合规范的要求。

㉔ 给水管道不得敷设在烟道、风管、电梯井内、排水沟内。给水管道不宜穿越橱窗、壁柜。这些要求应在给排水平面图中明确表示，并且与室内设计图纸一致。

㉕ 空调室外机应在相关专业的平面图、剖面图、大样图中表示，并且不能够出现热气流短路、通风不畅等情况。

㉖ 门的表示图中应明确表示扇与框的搭接量，并且有详细节点详图。

㉗ 排水管道不得穿越卧室，在给排水平面图中表示，并且符合强制要求。

㉘ 平面图中，应标出安全出口、疏散出口、疏散走道的定位尺寸、净尺寸，并且所标尺寸应为装修完成面控制尺寸。

㉙ 平面图中应明确表示热水器安装位。

㉚ 平面图中应明确表示热水器的专用废气排放管安装位置。

㉛ 如果采用红外线防盗报警装置，则需要在室内图中明确点位，并且在弱电系统图、平面布置图中明确表示。

㉜ 如果有设计放置花盆的地方，则需要设计距完成面不低于 150mm 高的实体护栏，并且需要考虑排水设施，以及需要在阳台立面详图中表达。

㉝ 设计说明或设备定位图上应注明规范要求的尺寸，并且符合规定的限值。

㉞ 室内装修材料表中，应有厨房、卫生间、浴室相应防水构造做法，还需要与建筑图纸相一致。

㉟ 室内装修设计说明材料表中，需要明确材料内容、噪声等级、符合规定的限值。

㊱ 室内装修设计图纸，一般需要包含所有各功能房间邻外窗剖面，并且需要注明内部吊顶、窗帘盒、吊柜等装饰控制尺寸，严禁内装部分遮挡外窗开启扇与外部通风开口。

㊲ 室内装修设计图纸需要包含电梯井道装修图纸，以及注明轿厢尺寸与符合有关规定的限值。

㊳ 天花布置图中需要明确控制标高。

㊴ 卫生间不应布置在下层住户厨房、卧室、起居室、餐厅的上层。如果布置在本套内其他房间的上层时，则需要采取防水、隔声以及便于检修的措施。

㊵ 卫生间布置需要与建筑平面布置图一致。

㊶ 卫生间防水、隔声、检修做法，需要与建筑做法一致，而且必须符合强制要求。

㊷ 卫生器具的冷水连接管应在热水连接管的右侧。冷热水管安装应左热右冷，平行间距应不小于 200mm。当冷热水供水系统采用分水器供水时，应采用半柔性管材连接。这些要求应在给排水设计说明、平面图、给排水详图中明确表达。

㊸ 首层平面图、屋顶平面布置图、首层单元平面放大图中应注明相应防卫措施，并且制作详图。

㊹ 有关水管布局、出水口等情况，应在给排水平面图、详图中表示，并且符合强制要求。

㊺ 房间的立面图、剖面图中明确表示窗底距楼、地面尺寸、防护设施的高度，并且有相应的节点大样图。相关尺寸，需要符合规定的限值。

㊻住宅喷头设置，应在给排水平面图中表示，并且符合规范的要求。

4.1.6　装修施工图设计文件的完整性

装修施工图设计文件的完整性如图 4-7 所示。因此，在制图时应把这些内容完整的表达。

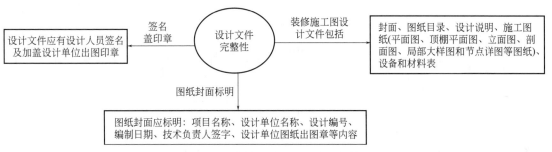

图 4-7　装修施工图设计文件的完整性

4.1.7　装修施工图的深化性

装修施工图的深化性如图 4-8 所示。

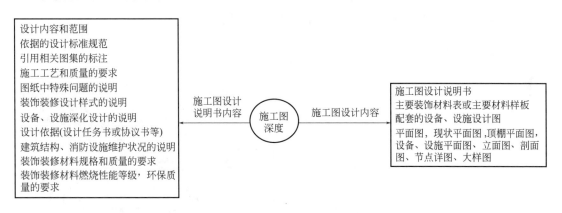

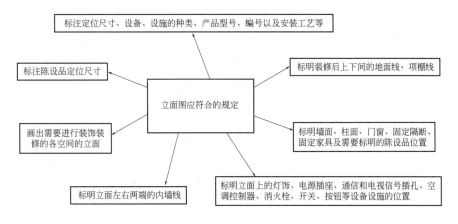

图 4-8

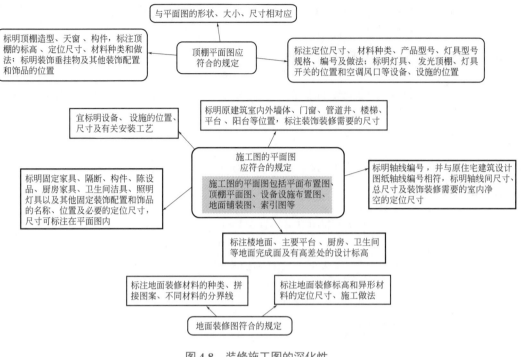

图 4-8　装修施工图的深化性

4.1.8　公共建筑装修装饰工程栏杆涉及有关数据的要求

公共建筑装修装饰工程栏杆涉及有关数据的要求如图 4-9 所示。

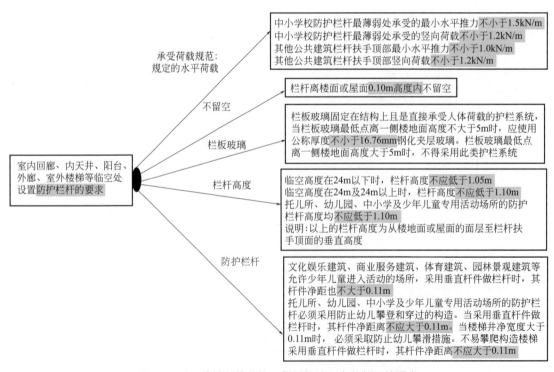

图 4-9　公共建筑装修装饰工程栏杆涉及有关数据的要求

4.1.9　公共建筑装修装饰工程窗涉及有关数据的要求

公共建筑装修装饰工程窗涉及有关数据的要求如图 4-10 所示。

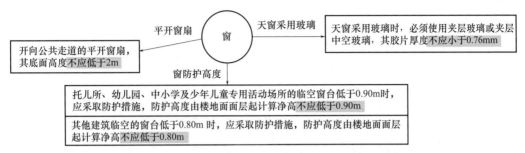

图 4-10　公共建筑装修装饰工程窗涉及有关数据的要求

4.1.10　住宅弱电安装高度的要求

住宅弱电安装高度（基本配置）的要求见表 4-1。

表 4-1　住宅弱电安装高度（基本配置）的要求

房间	插座名称	安装高度 /m	用途、适宜安装的位置、数量
主卧室	电话插座	0.3	床头柜 1 个
	网络插座	0.3	电视机背墙 1 个
	有线电视插座	0.3	电视机背墙 1 个
书房	电话插座	0.3	书桌处 1 个
	网络插座	0.3	书桌处 1 个
起居室	电话插座	0.3	沙发侧 1 个
	网络插座	0.3	电视机背墙 1 个
	有线电视插座	0.3	电视机背墙 1 个

4.1.11　住宅插座安装高度的要求

住宅插座安装高度（基本配置）的要求如图 4-11 所示。

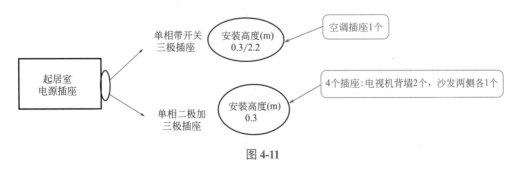

图 4-11

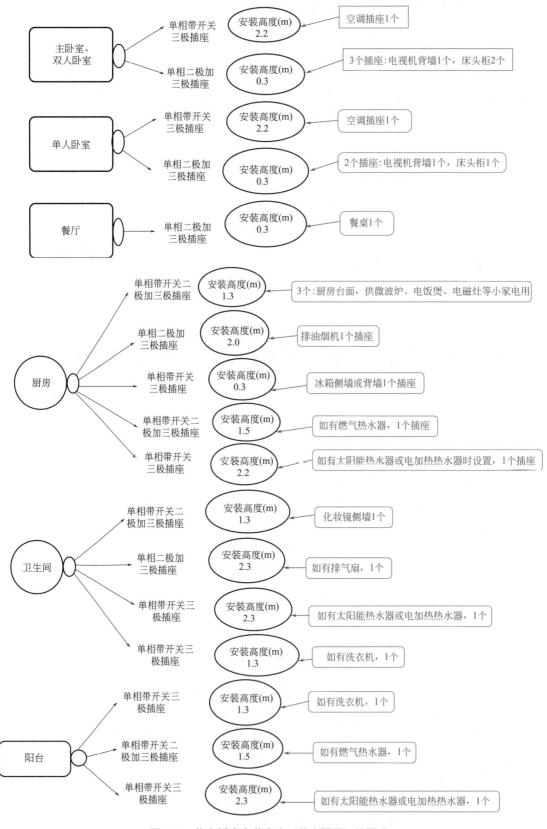

图 4-11 住宅插座安装高度（基本配置）的要求

4.1.12　平面图制图的要求

平面图制图的要求见表 4-2。

表 4-2　平面图制图的要求

项目	解　释
房间名称或编号的表达	平面图中需要注写房间的名称或编号，以及在同张图纸上列出房间名称表
分区绘制的表达	（1）较大的房屋建筑室内装饰装修平面，可以分区绘制平面图，每张分区平面图需要以组合示意图来表示所在位置 （2）组合示意图中表示的分区，可以采用阴影线或填充色块来表示 （3）各分区一般分别用大写拉丁字母或功能区名称来表示 （4）各分区视图的分区部位、编号需要一致，并且需要与组合示意图对应好
绘制方法	除了顶棚平面图外，各种平面图一般根据正投影法来绘制
局部平面放大图的方向的表达	局部平面放大图的方向一般需要与楼层平面图的方向一致
没有被剖切到的墙体立面的洞、龛等的表达	平面图上没有被剖切到的墙体立面的洞、龛等，在平面图中可以用细虚线连接来表明其位置
剖切高度	平面图一般取视平线以下适宜高度水平剖切俯视所得，并且根据表现内容的需要，可以增加剖视高度、剖切平面等内容
起伏较大形状的表达	房屋建筑室内装饰装修平面起伏较大的呈曲折形、弧形、异形时，可以采用展开图来表示，并且不同的转角面需要用转角符号来表示连接
索引符号的表达	表示室内立面在平面上的位置，一般要在平面图上表示出相应的索引符号
同一张平面图内不在范围内的表达	同一张平面图内，对于不在设计范围内的局部区域可以用阴影线、填充色块的方式来表示
物像、墙体可视物像的表达	平面图需要表达室内水平界面中正投影方向的物像，以及表示剖切位置中正投影方向墙体的可视物像（根据需要）
异形凹凸形状的表达	房屋建筑室内各种平面中出现异形的凹凸形状时，可以用剖面图来表示
装饰装修物件的表达	平面图中的装饰装修物件，可以注写名称，或者用相应的图例符号来表示

4.1.13　顶棚平面图制图的要求

顶棚平面图制图的要求见表 4-3。

表 4-3　顶棚平面图制图的要求

项目	解　释
凹凸形状的表达	房屋建筑室内顶棚上出现异形的凹凸形状时，可以用剖面图来表示
墙体立面的洞、龛等的表达	墙体立面的洞、龛等，在顶棚平面中可以用细虚线连接表明其位置
省去门符号的表达	顶棚平面图中应省去平面图中门的符号，并且用细实线连接门洞以表明其位置
物象、墙体可视物象的表达	顶棚平面图表示出镜像投影后水平界面上的物象，还可以表示剖切位置中投影方向的墙体的可视内容（根据需要）
圆形、弧形等的表达	平面为圆形、弧形、曲折形、异形的顶棚平面，可以用展开图来表示，并且不同的转角面需要用转角符号来表示连接

4.1.14 立面图制图的要求

立面图制图的要求见表4-4。

表4-4　立面图制图的要求

项目	解　释
标注图名	（1）要根据平面图中立面索引编号标注立面图的名称 （2）有定位轴线的立面，可以根据两端定位轴线号编注立面图的名称
表面分隔线的表示	房屋建筑室内装饰装修立面图上，表面分隔线要表示清楚，并且要用文字说明各部位所用材料、所用色彩等元素
对称式装饰装修面、对称式物体立面图的表示	对称式装饰装修面、对称式物体等，在不影响物象表现的情况下，其立面图可以绘制一半，并且要在对称轴线的地方绘制对称符号
绘制方法	房屋建筑室内装饰装修立面图需要根据正投影法来绘制
平面定位轴线编号	立面图的两端要标注房屋建筑平面定位轴线编号
投影方向的物体	（1）立面图要表达室内垂直界面中投影方向的物体 （2）有需要时，还要表示剖切位置中投影方向的墙体、顶棚、地面的可视内容
相同的装饰装修构造样式立面图的表示	房屋建筑室内装饰装修立面图上，相同的装饰装修构造样式，可以选择一个样式绘出完整图样，其余部分可以只画图样轮廓线
圆形、弧线形弧度感的表示	圆形的立面图、弧线形的立面图，需要用细实线表示出该立面的弧度感
圆形、弧形等室内立面的表示	平面为圆形、曲折形、弧形、异形的室内立面，可以用展开图来表示，并且不同的转角面需要用转角符号来表示连接

4.1.15 剖面图、断面图制图的要求

剖面图、断面图制图的要求见表4-5。

表4-5　剖面图、断面图制图的要求

项目	解　释
房屋建筑室内装饰装修剖面图、断面图的绘制需要符合的现行国家标准	房屋建筑室内装饰装修剖面图、断面图的绘制，需要符合现行国家标准《房屋建筑制图统一标准》（GB/T 50001）、《建筑制图标准》（GB/T 50104）等标准的规定
构造详图、节点图绘制的方法	房屋建筑室内装饰装修构造详图、节点图，一般要根据正投影方法来绘制
简化画法的符合标准	房屋建筑室内装饰装修制图中的简化画法，可以根据现行标准《房屋建筑制图统一标准》（GB/T 50001）等标准绘制
局部构造、透视图、轴测图绘制的符合标准	表示局部构造、装饰装修的透视图、装饰装修的轴测图，可以根据现行标准《房屋建筑制图统一标准》（GB/T 50001）等标准绘制

4.2　图纸的深度

4.2.1　图纸深度的概述

房屋建筑室内装饰装修的制图深度，一般需要根据房屋建筑室内装饰装修设计的阶段性

要求来确定。各阶段图纸深度需要满足各阶段
的要求。

房屋建筑室内装饰装修中图纸的阶段性文
件包括的内容如图 4-12 所示。

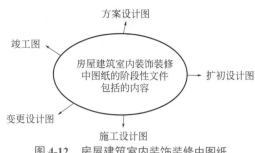

图 4-12　房屋建筑室内装饰装修中图纸
的阶段性文件包括的内容

4.2.2　方案设计图与其绘制要求

方案设计包括设计说明、主要立面图、
平面图、顶棚平面图、必要的分析图、效果
图等。其中，方案设计平面图的绘制要求见表 4-6，顶棚平面图的绘制要求见表 4-7，方案
设计立面图的绘制要求见表 4-8，方案设计剖面图的绘制要求见表 4-9，方案设计效果图的
绘制要求见表 4-10。

表 4-6　方案设计平面图的绘制要求

项目	具体要求
材料部件名称	标明主要装饰装修材料、部品部件的名称
尺寸	标注总尺寸、主要空间定位尺寸
放大平面图	绘制主要房间的放大平面图（根据需要）
分析图与图示	绘制反映方案特性的分析图，包括功能分区、交通分析、空间组合、消防分析、分期建设等图示
改造内容	标明房屋建筑室内装饰装修设计中对原房屋建筑改造的内容
楼梯上下方向	标明楼梯的上下方向
名称与尺寸	标明主要使用房间的名称、主要部位尺寸
配置配饰名称与位置	标明主要部位固定、可移动的装饰造型、隔断、构件、家具、陈设、厨卫设施、灯具、其他配置配饰的名称、位置
区域位置、范围	标明房屋建筑室内装饰装修设计的区域位置、范围
设计标高	标注房屋建筑室内地面的装饰装修设计标高
索引符号、编号	标注必要的索引符号、必要的编号
图纸名称	标注图纸名称
位置	标明房屋建筑室内装饰装修设计后的所有室内外墙体、楼梯、平台、门窗、管道井、电梯、自动扶梯、阳台等的位置
指北针	标注指北针
制图比例	标注制图比例
轴线编号	标注轴线编号，并且使轴线编号与原房屋建筑图相符

表 4-7　方案设计顶棚平面图的绘制要求

项目	具体要求
材料、饰品的名称	标明顶棚的主要装饰装修材料、饰品的名称

续表

项目	具体要求
调整过后的位置	标明房屋建筑室内装饰装修设计调整过后的所有室内外墙体、管道井、天窗等的位置
设备饰品的位置	标明装饰造型、灯具、防火卷帘、主要设施设备、主要饰品的位置
设计标高	标注顶棚主要装饰装修造型位置的设计标高
索引符号、编号	标注必要的索引符号、必要的编号
图纸名称	标注图纸名称
制图比例	标注制图比例
轴线编号	标注轴线编号，并且轴线编号要与原房屋建筑图相符
总尺寸与定位尺寸	标注总尺寸、主要空间的定位尺寸

表 4-8　方案设计立面图的绘制要求

项目	具体要求
部品部件名称	标注主要部品部件的名称
材料名称	标注主要装饰装修材料名称
层高	标注楼层的层高（根据需要）
代表性的立面	绘制有代表性的立面
底界面线	标明房屋建筑室内装饰装修完成面的底界面线
顶界面线	标明装饰装修完成面的顶界面线
定位尺寸	绘制墙面、柱面的装饰装修造型、固定隔断、门窗、栏杆、固定家具、台阶等主要部位的定位尺寸
立面形状与位置	绘制墙面、柱面的装饰装修造型、固定隔断、门窗、固定家具、栏杆、台阶等立面形状与位置
索引符号、编号	标注必要的索引符号、编号
图纸名称	标注图纸名称
完成面的净高	标注房屋建筑室内主要部位装饰装修完成面的净高
制图比例	标注制图比例
轴线、轴线编号、轴线间的尺寸	标注立面范围内的轴线、轴线编号，以及立面两端轴线间的尺寸

表 4-9　方案设计剖面图的绘制要求

项目	具体要求
高度方向的尺寸	标明房屋建筑室内空间中高度方向的尺寸
绘制剖面	方案设计可不绘制剖面图，但是对于在空间关系比较复杂、高度、层数不同的部位，应绘制剖面图
设计标高、总高度	标明房屋建筑室内空间主要部位的设计标高、总高度
索引符号、编号	标注必要的索引符号、必要的编号
图纸名称	标注图纸名称
制图比例	标注制图比例
最高点的标高	标明最高点的标高（遇有高度控制时）

表 4-10　方案设计效果图的绘制要求

项目	具体要求
美观	图面美观
体现设计	体现设计的意图、风格特征
艺术性	具有艺术性
真实	材料、色彩、质地真实
准确	尺寸、比例准确

相关方案设计图，往往也需要符合相关制图的一些要求概述。例如，方案设计平面图的绘制要求，需要符合平面图制图的一些要求概述，方案设计顶棚平面图的绘制要求，也需要符合顶棚平面图制图的一些要求概述。

4.2.3　扩大初步设计图与其绘制要求

规模较大的房屋建筑室内装饰装修工程，根据需要，可以绘制扩大初步设计图。扩大初步设计图包括设计图说明、平面图、顶棚平面图、主要立面图、主要剖面图等。扩大初步设计图的要求如图 4-13 所示。

扩大初步平面图的绘制要求见表 4-11。

图 4-13　扩大初步设计图的要求

表 4-11　扩大初步平面图的绘制要求

项目	具体要求
安全出口	标明安全出口位置示意，而且需要单独成图
材料、部品部件名称	标明主要装饰装修材料、部品部件的名称
定制部品部件	标明定制部品部件的内容、所在位置
防火分区分隔位置	标明房屋建筑平面或空间的防火分区、防火分区分隔位置。只有一个防火分区，可以不标注防火分区面积
房间主要部位尺寸	标明房间主要部位的尺寸
改造的内容、定位尺寸	标明房屋建筑室内装饰装修中对原房屋建筑改造的内容、定位尺寸
结构位置、尺寸	标明房屋建筑图中柱网、承重墙、需要装饰装修设计的非承重墙的位置、尺寸
开启方向与方式	标明门窗、橱柜、其他构件的开启方向与方式
楼梯上下方向	标明房间楼梯的上下方向
名称	标明房间的名称
配置配饰的名称、位置	标明固定的、可移动的装饰装修造型、隔断、构件、家具、陈设、厨卫设施、灯具以及其他配置配饰的名称、位置

项目	具体要求
设计标高	标明房屋建筑室内地面设计标高
设计的区域位置、范围	标明房屋建筑室内装饰装修设计的区域位置、范围
设施设备位置、尺寸	标明房屋建筑设施设备的位置、尺寸
索引符号、编号	标注必要的索引符号、必要的编号
图纸名称	标注图纸名称
位置、使用的主要材料	标明房屋建筑室内装饰装修设计后的所有室内外墙体、门窗、管道井、平台、阳台、台阶、电梯、自动扶梯、楼梯、坡道等位置及使用的主要材料
指北针	标明指北针
制图比例	标注制图比例
轴线	标明轴线编号，并且轴线编号与原房屋建筑图要相符
轴线间尺寸	标明轴线间尺寸与总尺寸

扩大初步顶棚平面图的绘制要求见表 4-12。

表 4-12　扩大初步顶棚平面图的绘制要求

项目	具体要求
灯具等的位置	标明装饰造型、灯具、防火卷帘的位置
调整过后的名称、尺寸	标明房屋建筑室内装饰装修设计调整过后的必要部位的名称、主要尺寸
调整过后的位置	标明房屋建筑室内装饰装修设计调整过后的所有室内外墙体、管井、天窗等的位置
顶棚部位的设计标高	标明顶棚主要部位的设计标高
顶棚饰品的名称	标明顶棚的主要饰品的名称
结构	标明房屋建筑图中柱网、承重墙、房屋建筑室内装饰装修设计需要的非承重墙
设施设备饰品的位置	标明主要设施、设备、主要饰品的位置
索引符号、编号	标注必要的索引符号、必要的编号
图纸名称	标注图纸的名称
指北针	标明指北针
制图比例	标注制图的比例
轴线编号	标明轴线编号，并且轴线编号与原房屋建筑图要相符
轴线间尺寸	标明轴线间尺寸、总尺寸

扩大初步立面图的绘制要求见表 4-13。

表 4-13　扩大初步立面图的绘制要求

项目	具体要求
部品部件的名称	标明立面主要部品部件的名称
地面到顶棚的净高	标注房屋建筑室内装饰装修完成面的地面到顶棚的净高
立面形状、位置	标明绘制房屋建筑室内墙面与柱面的装饰装修造型、固定隔断、门窗、栏杆、固定家具、台阶、坡道等立面形状与位置
索引符号、编号	标注必要的索引符号、必要的编号
图纸名称	标注图纸的名称
制图比例	标注制图的比例
轴线	标注立面两端的轴线、轴线编号、轴线尺寸
主要部位的定位尺寸	标注主要部位的定位尺寸
主要立面	标明绘制需要设计的主要立面
装饰装修材料	标明立面主要装饰装修材料

扩大初步剖面图的绘制要求见表 4-14。

表 4-14　扩大初步剖面图的绘制要求

项目	具体要求
标高	标注标高
部位结构	标注设计部位结构
索引符号、编号	标注必要的索引符号、必要的编号
图纸名称	标注图纸的名称
位置	标明剖面所在的位置
用材	标注用材
制图比例	标注制图的比例
主要尺寸	标注构造的主要尺寸
做法	标注做法

 拓 展

　　相关扩大初步设计图，往往也需要符合相关制图的一些要求概述。例如，扩大初步平面图的绘制要求，需要符合平面图制图的一些要求概述。

4.2.4　施工设计图与其绘制要求

　　施工设计图常包括平面图、顶棚平面图、立面图、剖面图、详图、节点图等。其中，施工图的平面图常包括设计楼层的总平面图、房屋建筑现状平面图、各空间平面布置图、平面定位图、地面铺装图、索引图等。

　　施工图中的总平面图的绘制要求见表 4-15。

表 4-15　施工图中的总平面图的绘制要求

项目	具体要求
大样图	可在平面图旁绘制需要注释的大样图（图纸空间允许的情况下）
改造内容	详细注明设计后对房屋建筑的改造内容
平面与毗邻环境的关系	应全面反映房屋建筑室内装饰装修设计部位平面与毗邻环境的关系，包括功能布局、交通流线等
特殊要求的部位	标明有特殊要求的部位

　　施工图中的平面布置图，可以分为陈设图、部品部件平面布置图、家具平面布置图、设备设施布置图、绿化布置图、局部放大平面布置图等。施工图中的平面布置图的绘制要求见表 4-16。

表 4-16　施工图中的平面布置图的绘制要求

项目	具体要求
部品部件平面布置图	标注部品部件的名称、位置、尺寸、安装方法、需要说明的问题
层次范围与标高	楼层标准层可以共用同一平面，但是需要注明层次范围、各层的标高
陈设、家具平面布置图	（1）陈设、家具平面布置图，需要标注陈设品的名称、位置、大小、必要的尺寸、布置中需要说明的问题等 （2）标注固定家具、可移动家具、隔断的位置、布置方向、柜门或橱门开启方向 （3）标注家具的定位尺寸、其他必要的尺寸 （4）确定家具上电器摆放的位置（必要时）
几个布置图的合并	规模较小的房屋建筑室内装饰装修中陈设家具平面布置图、设备设施布置图、绿化布置图等可以合并
局部放大平面布置图	（1）房屋建筑单层面积较大时，可以根据需要绘制局部放大平面布置图 （2）局部放大平面布置图，应在各分区平面布置图适当位置上绘出分区组合示意图，以及明显表示本分区部位编号
绿化布置图	（1）规模较大的房屋建筑室内装饰装修中应有绿化布置图 （2）绿化布置图，需要标注绿化品种、定位尺寸、其他必要尺寸等要素
设备设施布置图	标明设备设施的位置、名称、需要说明的问题
省略与不得省略的情况	（1）对于对称平面，对称部分的内部尺寸可省略，对称轴部位应用对称符号来表示 （2）轴线号不得省略
示意性和控制性布置图	当照明、绿化、陈设、家具、部品部件、设备设施另行委托设计时，可以根据需要绘制照明、绿化、陈设、家具、部品部件、设备设施的示意性和控制性布置图
详图的索引号	应标注所需的构造节点详图的索引号

　　施工图中的平面定位图，需要表达与原房屋建筑图的关系，并且体现平面图的定位尺寸。施工图中的平面定位图的绘制要求见表 4-17。

表 4-17　施工图中的平面定位图的绘制要求

项目	具体要求
改造状况	房屋建筑室内装饰装修设计对原房屋建筑或原房屋建筑室内装饰装修的改造状况
隔断等的要求	固定隔断、固定家具、装饰造型、台面、栏杆等的定位尺寸、其他必要尺寸，并且注明材料、注明做法

续表

项目	具体要求
楼梯等的要求	房屋建筑室内装饰装修设计中新设计的楼梯、自动扶梯、平台、台阶、坡道等的定位尺寸、设计标高、其他必要尺寸，并且注明材料、注明做法
门窗的要求	房屋建筑室内装饰装修设计中新设计的门窗洞定位尺寸、洞口宽度、洞口高度尺寸、材料种类、门窗编号等
新设计的墙体、管井的要求	标明房屋建筑室内装饰装修设计中新设计的墙体、管井等的定位尺寸、墙体厚度、材料种类，并且注明做法

施工图中地面铺装图的绘制要求见表 4-18。

表 4-18　施工图中地面铺装图的绘制要求

项目	具体要求
定位尺寸	地面装饰的定位尺寸
分界线	地面装饰材料的不同材料的分界线
规格	地面装饰的规格
拼接图案	地面装饰材料的拼接图案
施工做法	地面装饰的施工做法
梯段防滑条等材料种类	地面装饰嵌条、台阶、梯段防滑条的材料种类
梯段防滑条等定位尺寸	地面装饰嵌条、台阶、梯段防滑条的定位尺寸
梯段防滑条等做法	地面装饰嵌条、台阶、梯段防滑条的做法
异形材料的尺寸	地面装饰的异形材料的尺寸
种类	地面装饰材料的种类

施工图中顶棚总平面图的绘制，除了符合扩大初步设计图顶棚平面图的绘制要求外，还应符合的绘制要求见表 4-19。

表 4-19　施工图中顶棚总平面图还应符合的绘制要求

项目	具体要求
分界线	应标注顶棚装饰材料的种类、拼接图案、不同材料的分界线
平面图旁边绘制大样图	图纸空间允许的情况下，可以在平面图旁边绘制需要注释的大样图
特殊工艺或造型的部位	应标明需做特殊工艺或造型的部位
总体情况	应全面反映顶棚平面的总体情况，包括灯具布置、顶棚造型、顶棚装饰、消防设施、其他设备布置等内容

施工图中的顶棚平面图，包括装饰装修楼层的顶棚总平面图、顶棚装饰灯具布置图、顶棚综合布点图、各空间顶棚平面图等。其中，施工图中顶棚平面图的绘制，除了符合扩大初步设计图顶棚平面图的绘制要求外，还应符合的绘制要求见表 4-20。

表 4-20　施工图中顶棚平面图的绘制还应符合的绘制要求

项目	具体要求
位置、尺寸、高度、名称、做法	应标明顶棚造型、天窗、构件、装饰垂挂物、其他装饰配置与饰品的位置，并且注明定位尺寸、标高或高度、材料名称、做法
表述内容单一的顶棚平面	表述内容单一的顶棚平面，可缩小比例绘制
单独绘制局部的放大顶棚图的情况与要求	房屋建筑单层面积较大时，可以根据需要单独绘制局部的放大顶棚图，但是应在各放大顶棚图的适当位置上绘出分区组合示意图，并且明显地表示本分区部位编号
对称平面的对称符号	对称平面，对称轴部位要用对称符号来表示
对称平面的内部尺寸	对称平面，对称部分的内部尺寸可以省略
对称平面的轴线号	对称平面，轴线号不能省略
楼层标准层共用同一顶棚平面的要求	楼层标准层可以共用同一顶棚平面，但是要标注层次范围与各层的标高
详图的索引号	标注所需的构造节点详图的索引号

施工图中的顶棚综合布点图的绘制，除了符合扩大初步设计图顶棚平面图的绘制要求外，还需要标明顶棚装饰装修造型与设备设施的位置、尺寸关系。

施工图中顶棚装饰灯具布置图的绘制，除了符合扩大初步设计图顶棚平面图的绘制要求外，还需要标注所有明装与暗藏的灯具、发光顶棚、探测器、扬声器、空调风口、喷头、挡烟垂壁、防火挑檐、防火卷帘、疏散指示标志牌等的位置，以及定位尺寸、材料名称、编号、做法等。

施工图中立面图的绘制，除了符合扩大初步设计图中的立面图绘制的要求外，还应符合的绘制要求见表 4-21。

表 4-21　施工图中立面图的绘制还应符合的绘制要求

项目	具体要求
顶棚面层	绘制顶棚面层
各个方向的立面	各个方向的立面要绘齐全，对于差异小、左右对称的立面可以简略，但是应在与其对称的立面的图纸上进行说明
构造层	绘制装饰装修的构造层
立面上的装饰装修材料	标明立面上装饰装修材料的种类、名称、拼接图案、施工工艺、不同材料的分界线
立面造型的尺寸	标注设计范围内立面造型的定位尺寸、细部尺寸
墙体构造或界面轮廓线	绘制立面左右两端的墙体构造或界面轮廓线
特殊与详细表达的部位	需要特殊与详细表达的部位，可以单独绘制其局部放大立面图，并且标明其索引位置
无特殊装饰装修要求的立面	无特殊装饰装修要求的立面，可以不画立面图，但是要在施工说明中或相邻立面的图纸上进行说明
详图索引号	标注所需的构造节点详图的索引号
影响房屋建筑室内装饰装修效果的设备设施	影响房屋建筑室内装饰装修效果的装饰物、电源插座、家具、空调控制器、开关、陈设品、灯具、通信信号插孔、电视信号插孔、消火栓、按钮等物体，一般要在立面图中绘制出其位置
绘制构造地面层	绘制原楼地面到装修楼地面的构造层
中庭或看不到的局部立面	中庭或看不到的局部立面，可以在相关剖面图上进行表示。当剖面图未能表示完全时，则一般要单独绘制
装饰物	标注立面投视方向上装饰物的形状、尺寸、关键控制标高

施工图中的剖面图的绘制，除了符合扩大初步设计图中的剖面图绘制的要求外，还应符合的绘制要求见表 4-22。

表 4-22　施工图中剖面图的绘制还应符合的绘制要求

项目	具体要求
剖面图清楚表达尺寸、标高、做法等	标注平面图、立面图、顶棚平面图中需要清楚表达部分的详细尺寸、材料名称、连接方式、标高、做法
剖面图清楚表达相关部位	标明平面图、立面图、顶棚平面图中需要清楚表达的相关部位
剖切的部位的确定	剖切的部位要根据表达的需要来确定
详图索引号	标注所需的构造节点详图的索引号

施工图中详图的绘制要求见表 4-23。

表 4-23　施工图中详图的绘制要求

项目	具体要求
比例	标注详图的制图比例
标明、标注的项目	详图标明物体的细部、构件或配件的形状、材料名称、大小、具体技术要求、尺寸、做法
绘制相关详图	施工图应将平面图、顶棚平面图、立面图、剖面图中需要更清晰表达的部位索引出来，并且绘制相关详图
名称	标注详图的名称
无法交代或交代不清的情况	平面图、立面图、剖面图、文字说明中对物体的细部形态无法交代或交代不清的情况，可以绘制详图

施工图中节点图的绘制要求见表 4-24。

表 4-24　施工图中节点图的绘制要求

项目	具体要求
比例	标注节点图制图比例
尺寸、构造做法	注明尺寸、构造做法
绘制相关节点图	施工图应将平面图、顶棚平面图、立面图、剖面图中需要更清晰表达的部位索引出来，并且绘制相关节点图
名称	标注节点图名称
名称、技术要求	标注材料的名称、技术要求
无法交代或交代不清的情况	平面图、立面图、剖面图、文字说明中对物体的构造做法无法交代或交代不清的，可以绘制节点图
支撑与连接关系	标明节点位置构造层材料的支撑、连接关系

索引图的绘制要求见表 4-25。

表 4-25 索引图的绘制要求

项目	具体要求
索引符号、编号	注明立面图、剖面图、详图图、节点图的索引符号、编号
索引图的绘制	房屋建筑室内装饰装修设计应绘制索引图
图面比较拥挤的情况	图面比较拥挤的情况，可以适当缩小图面的比例
增加文字说明	可以增加文字说明帮助索引

 拓 展

相关施工设计图，往往也需要符合相关扩大初步设计图中的要求。例如，施工图中的剖面图的绘制，需要符合扩大初步设计图中的剖面图绘制的有关要求和规定。

4.2.5 变更设计图与竣工图

变更设计图包括变更原因、变更位置、变更内容等要素。变更设计，可以采取图纸的形式，也可采取文字说明的形式。图纸变更参考流程如图 4-14 所示。

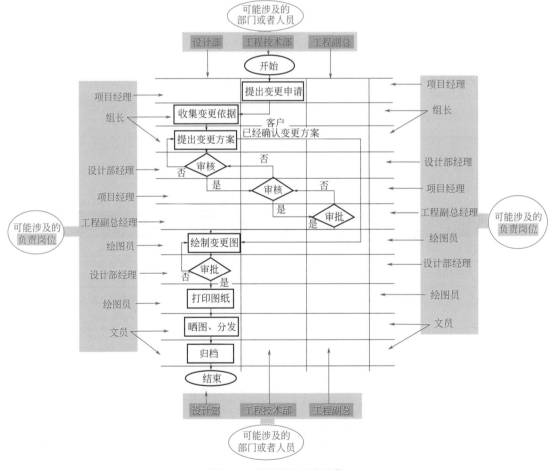

图 4-14 图纸变更参考流程

　　装修竣工图，就是在装修竣工时，由施工单位或者装修单位根据施工实际情况画出的图纸。

　　竣工图的制图深度，需要与施工图的制度深度一致，其内容需要能够完整记录施工情况，以及满足工程决算、工程维护、存档等要求。

　　如果装修中存在少量变动的情况，则可以在施工图上做变动的修改，然后加盖竣工图章，即是竣工图。如果装修中变动比较大，则需要重新绘制图，然后加盖竣工图章，即是竣工图。

4.3　CAD 软件制图

4.3.1　CAD 软件介绍

　　CAD 软件是一款工程制图与设计的软件。CAD 制图软件有好几种，其中的 AutoCAD 是 Autodesk 公司开发的自动计算机辅助设计软件，其可以用于二维绘图、详细绘制、设计文档、基本三维设计等。通过 AutoCAD 设计无需懂得编程，即可自动制图。AutoCAD 软件可以用于建筑、装饰装潢等领域的绘图制图与设计。

　　AutoCAD 界面如图 4-15 所示。

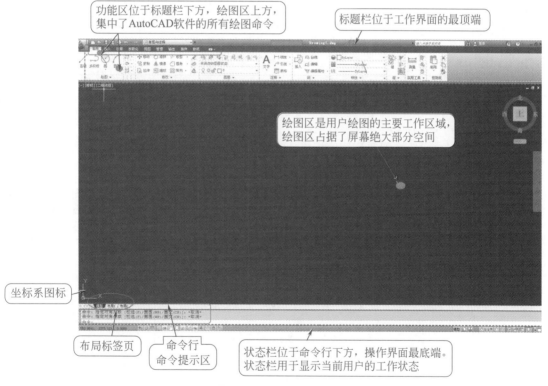

图 4-15　AutoCAD 界面

4.3.2　CAD 制图要求概述

　　CAD 制图，也就是使用图形软件、硬件进行绘图与有关标注的方法、技术。

　　CAD 制图的要求，主要包括二维制图要求、三维图形要求、图层与文件交换格式要求等，具体如图 4-16 所示。

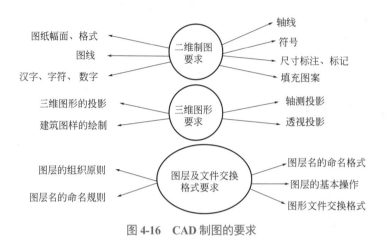

图 4-16　CAD 制图的要求

4.3.3　CAD 制图的图块与属性

CAD 制图时，图纸幅面、图框、标题栏、会签栏宜做成图块。图块可以根据图样内容、尺寸大小选择合理的布置形式。其中的图块，就是一种命名的子图形。图块一般是由图形元素、图形实体或图块经定义后组成的，用户可以对其进行存储、调用、插入等操作，并且常用来制作图形库的图形。

CAD 制图时，图纸的图线、线宽、图线结构、轴线、符号、文字、数字等，可以在软件中进行相关的操作来完成。有的操作，需要进行属性设置。其中的属性，也就是实体被定义了的性质。

CAD 制图时，汉字一般采用国家标准规定的矢量汉字，其采用的国家标准见表 4-26。

表 4-26　汉字一般采用的国家标准

汉字	标准	形文件名
仿宋体	GB/T 13846—1993	HZFS.*
楷体	GB/T 13847—1993	HZKT.*
黑体	GB/T 13848—1993	HZHT.*
长仿宋体	GB/T 13362.4 ～ 13362.5—1992	HZCF.*
单线宋体	GB/T 13844—1993	HZDX.*
宋体	GB/T 13845—1993	HZST.*

4.3.4　CAD 软件中符号名生成方式

用 CAD 软件绘制装饰装修图时，有的符号常被重复使用，为了提高制图效率，应采用特定程序输入定位点与相关参数后，自动生成所需符号。CAD 软件中符号名生成方式如图 4-17 所示。

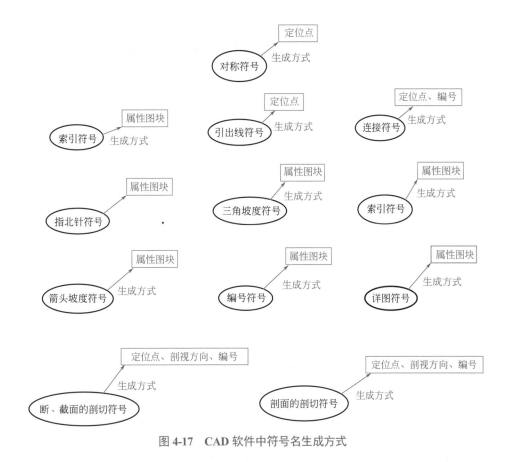

图 4-17　CAD 软件中符号名生成方式

4.3.5　CAD 图层的要求与技巧

用CAD软件制图时,采用图层可以提高制图效率与修改方便,以及便于识图、读图等需要。但是,要注意在系统中,在共享范围内的图层名是唯一的,并且中英文命名格式不得混用,可以用字母、数字、连接符、汉字、下划线等组成。图层名不得超过 31 个字符,并且应采用可读性、记忆性、检索性的图层名。图层名要采用国内外通用信息分类的编码标准。图层名采用中文或西文的格式化命名方式,编码间用西文连接符"-"连接。

中文图层名采用的格式如图 4-18 所示。中文图层名格式中的项目要求见表 4-27。

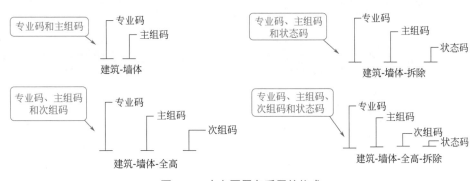

图 4-18　中文图层名采用的格式

表 4-27　中文图层名格式中的项目要求

名称	具体要求
专业码	可以由两个汉字组成，用于说明专业类别
主组码	可以由两个汉字组成，用于详细说明专业特征。其可以与任意专业码组合
次组码	可以由两个汉字组成，用于进一步区分主组码类型。用户也可以自定义次组码。次组码可以与不同主组码组合。其为可选项
状态码	可以由两个汉字组成，用于区分改建、加固房屋中该层实体的状态等，其为可选项

西文图层名采用的格式如图 4-19 所示。

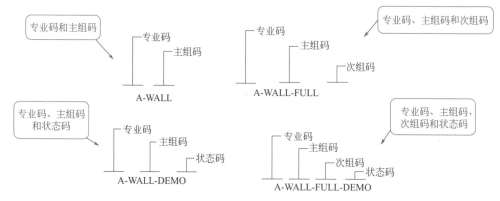

图 4-19　西文图层名采用的格式

常见图层专业码见表 4-28。常见图层状态码见表 4-29。

表 4-28　常见图层专业码

中文名	英文名	解释	中文名	英文名	解释
建筑	A	建筑（architectural）	给排	P	给排水（泵）（plumbing）
电气	E	电气（electrical）	设备	Q	设备（equipment）
总图	G	总图（general plan）	结构	S	结构（structural）
室内	I	室内设计（interiors）	通信	T	通信（telecommunications）
暖通	M	采暖空调（HVAC）	其他	X	其他工种（other Disciplines）

表 4-29　常见图层状态码

中文名	英文名	解释	中文名	英文名	解释
临时	TEMP	临时（temporary work）	新建	NEWW	新建（new work）
搬迁	MOVE	搬迁（items to be moved）	保留	EXST	保留（existing to remain）
改建	RELO	改建（relocated items）	拆除	DEMO	拆除（existing to demolish）
合同外	NICN	合同外（not in contract）	拟建	FUTR	拟建（future work）
阶段	PHS1-9	阶段编号（phase numbers）			

拓 展

　　图层应设置修改颜色与线型，具有建立、打开、关闭、冻结、解冻、加锁、解锁等基本操作。CAD 软件中的线型操作：格式→图层，然后在图层特性管理器中可以新建图层、编辑、修改等操作，如图 4-20 所示。

图 4-20　CAD 软件图层

扫码看视频

设计规范数据
尺寸要求

扫码看视频

卫生器具设计
安装高度
（参考）

扫码看视频

连接卫生器具
的排水管径与
最小坡度的设
计参考

第 **5** 章 | 常见装饰装修图的识读

5.1 图纸说明

5.1.1 图纸说明基础知识

图纸，主要部分是图，辅助部分是文字说明和表格。图是主要部分，也是重点，因此，看图往往需要"仔细研究一番"。文字说明，是辅助部分，也是必看点。因此，看图往往需要掌握其"交代了什么"。

一套成册的家装图纸，翻开封面与目录后，往往就是设计说明、施工图说明。设计说明、施工图说明，往往是文字说明，有的图纸还有表格。家装设计说明、施工图说明，其实就是家装图册的"开场白"。"开场白"内容，往往包括"交代的情况"和"宏观介绍"。识图看图，往往也是从家装图册的"开场白"开始。

看家装设计说明、施工图说明时，要了解其对项目的总介绍、总概述、总要求、特别提示的地方、重点阐述的地方。要知道每一个设计说明、施工说明包含哪些内容？传递什么信息？要深刻理解说明其意思与要求。

5.1.2 图纸说明常见直观信息

识图时，看装饰设计说明、施工说明的环节非常重要，不得草率。

图纸说明常见直接介绍的信息包括项目名称、工程概况、适用范围、设计内容、设计依据、基本说明、有关要求、图例、其他。

识图看图时，重点看基本说明、有关要求。必要时，还得记住。

5.1.3 图纸说明常见隐蔽与支撑的知识

图纸说明常见隐蔽支撑的知识，往往包括一些标准、规范等文件，以及一些通用性技能。

看懂说明，包括看懂图上说明与其他说明。因此，如果想要看懂家装施工图，还要懂有关家装基础、各工种基础与技能、设计知识、绘图软件等。

另外，看装修设计说明、施工说明，还包括具有对"该说明"陈述的信息是否正确的判断能力。

5.1.4　图纸说明识读实例

某装饰装修施工图说明例子如下。

×××小区 ×××房装饰工程施工图说明

一、适用范围

本施工图适用于一般民用建筑装饰装修工程。

二、设计内容

本施工图包括装饰装修地面、墙裙、顶棚、踢脚、内外墙面、室内绿化、饰品、家具等部分的饰面效果、结构工艺做法、结构节点大样等。

三、设计依据

① 《城市居民生活用水量标准》（GB/T 50331—2002）。

② 《城市绿地分类标准》（CJJ/T 85—2017）。

③ 《房屋建筑制图统一标准》（GB/T 50001—2017）。

④ 《高层民用建筑设计防火规范》［GB 50016—2014（2018 年版）］。

⑤ 《工程建设标准强制性条文　房屋建筑部分》（2013 版）。

⑥ 《建筑玻璃应用技术规程》（JGJ 113—2015）。

⑦ 《建筑给水排水及采暖工程施工质量验收规范》（GB 50242—2002）。

⑧ 《建筑给水排水制图标准》（GB/T 50106—2010）。

⑨ 《建筑工程施工质量验收统一标准》（GB 50300—2013）。

⑩ 《建筑内部装修设计防火规范》（GB 50222—2017）。

⑪ 《建筑设计防火规范》［GB 50016—2014（2018 年版）］。

⑫ 《建筑制图标准》（GB/T 50104—2010）。

⑬ 《建筑装饰装修工程质量验收规范》（GB 50210—2018）。

⑭ 《民用建筑工程室内环境污染控制规范》［GB 50325—2010（2013 年修订版）］。

⑮ 《民用建筑设计统一标准》（GB 50352—2019）。

⑯ 《砌筑砂浆配合比设计规程》（JGJ/T 98—2010）。

⑰ 《综合布线系统工程验收规范》（GB/T 50312—2016）。

⑱ 根据建设单位、业主提供结构等有关设计文件。

四、基本说明

① 本套图为×××市×××小区×××房装饰工程施工图。

② 本套图纸除特别注明外，标高单位为米（m），其余尺寸单位为毫米（mm）。

③ 本套图纸所涉及的角钢、其他金属构件，非不锈钢部分要做防锈处理。

④ 施工方在施工前，需要在现场核对所有图纸内容，发现非常规误差、旧土建不规范施工所造成的尺寸不符，要及时向设计方反馈，以便设计师制定出合理处理方案，并且经书面确认后方可施工。

⑤ 施工现场，必须根据国家防火规范以及当地政府颁布的防火规范细则进行操作。

⑥ 施工现场，必须制定相应的消防、卫生防疫等制度、有效措施，以保证施工顺利进行。

⑦ 施工中使用的所有有毒材料、易燃材料必须符合消防、环保要求，并且经过相应工艺处理才可以使用。

⑧ 现场施工过程中，由于工期、气候、材料运输加工工艺等原因，以及设计的合理性、

尺寸标注等问题引起的设计变更，则应沟通、商讨，最后由设计方修改设计方案。

⑨ 相关专业图纸（给排水、空调、强电、弱电等）要与本图纸相配合。

⑩ 本套图纸的设计、说明如有与相关法规相抵触的部分，则根据国家法规执行。

⑪ 凡本套图纸未说明的部分，应根据国家颁布的相应施工规范执行施工。

【识图实战技法】

① 看直接呈现的信息：本实例，对四方面进行了说明，具体为适用范围、设计内容、设计依据、基本说明。其中的适用范围、设计内容、基本说明，"说明"阐述得比较具体，需要逐条掌握、理解。

② 想隐含的或者遵循的支持知识：上面的例子，对于设计依据，与多数图纸一样，一般仅提供了标号与名称，具体的内容需要读者"图外"掌握。

③ 会图物互转互联：装饰装修图纸，其实没那么复杂，但是应用到实际施工中，却不是那么简单。主要是图纸细节与现场的吻合性。为此，看装修设计说明、施工说明，需要联想实际，以便图物一致性与吻合性。因此，装饰装修图纸往往要现场交底。

小 结

识读装饰装修图有一点很重要，就是施工者与绘图者、设计人员的沟通，尤其是现场的一些现场细节，往往是设计前难以想到的。

5.2 户型图

5.2.1 户型图基础知识

户型图，就是住房的平面空间布局图，也就是对住房各个独立空间的使用功能、相应位置、大小等进行描述的图形。户型不同，决定着室内设计中各个室内功能房间布局不同，也影响着后面的墙体改建情况。

看户型图，可以直观地看清房屋的走向布局、房屋的结构。有的户型存在某些不足，需要在装修前进行改造。为此，需要了解户型的可变结构，也就是要了解哪些墙不能动，哪些墙能动；下水管的位置、上水管的位置；电线走向与来源等信息。

5.2.2 户型图常见直观信息

不同的单位提供的户型图，其信息有差异。一般而言，会有表示墙壁的线条、表示门窗的图例、已经划分的功能间等基本信息。有的户型图会有尺寸、家具图例、家具设备设施的布置等信息。

户型图上一些符号特点如下。

① 门——门的符号是一个扇形的符号，代表推开的动作以及范围。扇形在里面，表示门往里面开；扇形往外面，表示门往外开。

② 窗户——窗户可以分为飘窗、落地窗等类型。窗户的符号，用三线连接表示。飘窗

的符号，用一段凸出的矩形表示，上端是三根线，下端是虚线。落地窗的符号与飘窗的符号差不多。

　　③空调摆放处，一般会用矩形框里加"AC"来表示，或者矩形里面打叉画杠来表示。

　　④衣柜的符号，一般以矩形表示，里面有一格格的图形。

　　一般而言，户型图上的墙体用黑色、深色、浅色的线条表示。其中，承重墙一般用黑色或深色的黑体实线表示。房屋装修改造时，承重墙是不能够拆掉的。一些户型图，为了体现功能分区，会在户型图上用餐桌椅、厨具、沙发、床、卫浴等来分别体现餐厅、客厅、房间、厨房、卫生间等功能间。

5.2.3　户型图常见隐蔽与支撑的知识

　　户型常见指标有户型格局（即几室几厅几卫）、朝向、面积、所在位置等。户型总体特点，常见的有户型采光、通风、观景效果、功能分区（包括洁污分区、干湿分区、动静分区）等。

　　多数户型会标注户型的总建筑面积。但是，该数据与实际交房的面积会存在的浮动误差。因此，装饰装修时往往还需要现场实测，房屋开发商提供的户型图上的数据供参考。

　　户型的合理与否，并不在于面积大小，而在于房屋各个部分间的比例与布局关系。为此，需要对于整个房型进行把握，注重日常生活细节。

　　户型的好与坏，进深、开间两参数很重要。进深，就是指房间的长度，一般控制在大约5m。开间，就是指房间的宽度，一般为 3 ～ 3.9m。

 **拓 展**

　　进深过深，开间狭窄，则不利于采光、通风。一般而言，进深总数值越小越好，开间总数值越大越好。

　　与户型有关的一些知识点如下。

　　①客厅开间至少要有 3.5m，以免坐在沙发上看电视眼睛难受。

　　②卧室长、宽最好别低于 3m，以免床、衣柜与梳妆台难以共同设置。

　　③次卧一般都是孩子住，卫生间离次卧不得太远。

　　④餐桌的摆放位置，不得与卫生间相对。

5.2.4　户型图识读实例

　　某户型图实例如图 5-1 所示。

　　【识图实战技法】

　　①看图上直接呈现的信息：看懂户型图上的符号、名称、图形的意思，如图 5-2 所示。看该户型图上的功能间的分布情况，从该图上直接可以看出其具有入室花园，位于进户位置。客厅带阳台。客厅、餐厅、起居室分别独立，具有互不干扰等特点。双卫生间，其中，主卧室带卫生间，并且主卧室还带阳台。

　　该图中的餐厅、客厅、卧室、厨房、卫生间等功能间分别用家具来体现，并且标注文字。

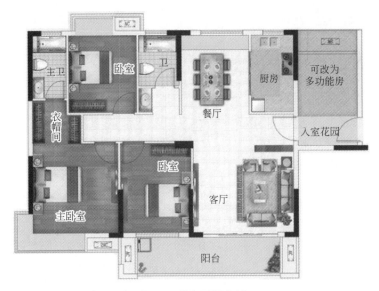

图 5-1　某户型图实例

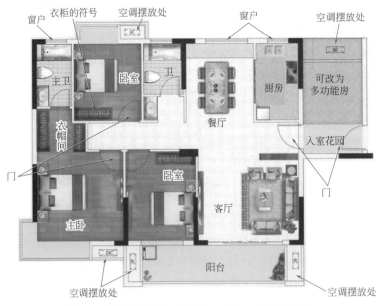

图 5-2　看懂户型图上的符号、名称、图形的意思

② 想图上隐含的或者遵循的支持知识：户型图上隐含的或者遵循的支持信息，可以从以下一些方面考虑。

a. 朝向——一般坐北朝南好一点。看图例与一般要求是否一致。

b. 通透性——通透性好，则室内通风理想。

c. 整体平面规整性——整体平面规整性好，有利于内部分割，面积利用率高。

d. 动静线——动静线不交叉，干扰性小。如果居住动线与来客动线交叉，则对卧室的干扰比较大，不利于卧室的使用。

e. 动静分区——动静区分开，能够保障居室主人的日常生活，休息的人能安心休息，走动娱乐的人可以放心活动，互不干扰。如果动静分区不合理，则难以形成私密空间。

f. 通风采光——一般而言，比较方正的户型具有良好的通透性能。进深过大，开间过小，则会影响户型的采光与通风。进深偏小，开间过大，则不利于房间保温，浪费能源。

 **小　结**

比较方正的户型，能够做到采光通风与保温两者间的平衡。相对而言，"相对两面采光"通风最佳，"相邻两面采光"通风其次，只有一面采光的户型通风效果最差。厨房、厕所尽量做到独立采光与通风，即避免"暗厨""暗卫"。

5.3　原始建筑测量图

5.3.1　原始建筑测量图基础知识

家装原始建筑测量图是一切设计图纸的基础，也就是说家装后续的施工图、效果图均是在这个"最初"的原始图基础上进行的。

家装原始建筑测量图就是图上需要体现家装毛坯房的信息，主要测量包括位置、尺寸、设备。常见的具体信息有：墙体厚度、开间尺寸、层高、房间梁柱位置尺寸、门窗洞口位置与离地尺寸、各项管井的位置与尺寸等。其中的各项管井往往包括进户电源、空调暖管、天然气管道、上下水道等项目。

如果"最初"的测量图纸出现偏差，则后续的设计图纸、施工图纸均会因此而出现误差，可能会导致整个工程出现状况。

家装原始建筑测量图包括原始框架平面图。原始框架平面图的主要特点就是突出"框架"。

家装框架，主要是房屋墙体组成的结构。承重墙是承载上部楼层重量的墙体，户型图上一般采用黑色填充（或者加粗的黑线）表示承重墙。承重墙不能动，外立面（建筑外墙）也不能动（不得拆）。

房间的梁结构一般用虚线表示并且标出高度。有的原始框架平面图房间内空尺寸标注了 2 ～ 3 道尺寸，即一道各房间净空尺寸，一道总长或总宽尺寸，有的还有一道其他相关尺寸。实际梁结构图例如图 5-3 所示。

图 5-3　实际梁结构图例

 **拓　展**

家装整体测量尺寸，一般要求与现场差异不得超过 20mm。

5.3.2　原始建筑测量图直观信息

原始建筑测量图，通俗地讲，就是突出原始＋测量的图。原始，也就是"毛坯""交给装修前的最初状况"。对于建筑室内装修而言，就是装修前客户房屋的实际情况。新房装修前，客户房屋的实际情况往往就是毛坯房。二次装修，客户房屋的实际情况往往就是已经装修过的"旧装修房"。

测量是根据某种规律，用数据来描述观察到的现象，也就是对事物做出量化的描述。测量也指用各种仪器来测定空间、物体位置以及测定各种物理量。

对于建筑室内装修而言，测量突出点就是位置和尺寸。位置和尺寸，会涉及"谁"的位置和尺寸。因此，建筑室内装修测量图会有装修空间与设施，以及这些空间与设施的位置和尺寸信息。

5.3.3 原始建筑测量图隐蔽与支撑的知识

有的原始建筑测量图上的图例，因符合通用性，没有提供说明，则需要"图外"掌握。原始建筑测量图上的尺寸、尺寸界线、尺寸换算，没有提供基础知识介绍，也需要"图外"掌握。

有的原始建筑测量图上的虚线、实线、填充图案、没有填充的图案，没有提供基础知识介绍，也需要"图外"掌握。

家装原始建筑测量图，应包括全屋总尺寸、门洞宽度尺寸、门洞高度尺寸、门洞位置与尺寸、门窗的开启方向、门窗的开启方式、墙体长度、墙体宽度、墙体厚度与尺寸、房屋的净高、房间长度尺寸、房间宽度尺寸、卧室飘窗深度与尺寸、阳台地漏位置与尺寸、阳台管道位置与尺寸、卫生间净高、卫生间顶面管道高度、卫生间坑管位置、卫生间排污管位置、卫生间排污管尺寸、卫生间与房间地坪落差尺寸、厨房间进水管位置与尺寸、厨房间煤气管位置与尺寸、厨房间烟管尺寸、厨房间烟管位置、室内梁的位置与尺寸、各标高、是否有找坡情况、要改动的墙体的材料、要改动的墙体的厚度、要改动的墙体的位置、楼梯级数、楼梯尺寸、楼梯上下方向、楼梯位置与尺寸、天花底面高度、特殊结构位置与尺寸、相关原始立面测量图等。

 拓 展

原始建筑测量图的绘制，往往是先用手绘一张房屋的草图（户型图），然后到现场测量尺寸，并且把相关尺寸标注在草图（户型图）上。如果发现草图需要改动的地方，则直接在草图上进行标注与修改。先手绘的草图，可以根据开发商提供户型图来绘制。如果没有先手绘的草图，则进行家装原始建筑测量时，先要根据现场户型结构绘制户型图。

原始建筑测量图上，每堵墙应测量尺寸。为了避免遗漏测量尺寸，则测量时应有规律性地进行测量。

测量时，各区域名称要标注全。

测量时，在户型图上用另一种颜色笔画出梁的位置、梁的高度、梁的宽度、柱的位置、柱的高度、柱的宽度、梁到墙面的距离等。

测量时，在户型图上明确标出空调孔的位置、排水管的位置、地漏的位置。

测量卫生间时，要标出坐便器的位置、坐便器离墙的位置、楼上排水管的高度等。

测量阳台时，要标出雨水管位置、地漏位置。

测量窗户时，不仅要测量长度，还要测量窗户的高度、窗户离开地面的高度。

5.3.4　原始建筑测量图识读实例

扫码看视频

某家装原始建筑测量图图例如图 5-4 所示。

原始建筑测量
图识读实例

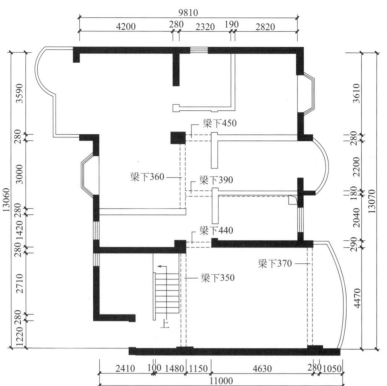

图 5-4　某家装原始建筑测量图图例

【识图实战技法】

看图例，图上有尺寸，可以判断一些功能间的尺寸。有表示墙壁的"线条"，可以根据涂黑的"线条"来判断是否为承重墙。楼梯有图形表示，并且具有上楼梯的方向标志。根据设置的功能间与其需要，并且研究图例情况，发现作为厨房、餐厅的区域需要拆掉隔墙。隔墙如图 5-5 所示。有的家装原始建筑测量图，往往还会绘出坑槽、地漏、墙面预留孔、配电箱、排风口、脱排洞、煤气管、水表、落水管、有线电视插座、电话插座等，某家装原始建筑测量图的坑槽等图例如图 5-6 所示。然后，根据图例在图上一一对应，分别掌握其特点。

图 5-5　隔墙

符号	名称	符号	名称
▨	墙面预留孔	⊕	坑槽
⊖	配电箱	⊘	地漏
TV	有线电视	⊖	排风口
T	电话	⊕	脱排洞
▭	通话器	○	煤气管
◢	水表	⊖	落水管

图 5-6　某家装原始建筑测量图的坑槽等图例

5.4　装修改建平面图

5.4.1　装修改建平面图基础知识

装修改建平面图，又叫作设计后墙体改建图。设计后墙体改建图，主要是对原房屋不同功能区的划分认为不合理情况下，认为需要改建的设计。也就是原始户型图、原始建筑测量图存在不合理的地方，需要改建达到合理。

在原始框架图的基础上，标出设计后要拆建的墙体，以及拆建墙体的定位尺寸。拆砌墙体，可以用两种不同图案填充，以示区别。有的设计后墙体改建图，会分为拆除墙体图和新砌墙体图。有的设计后墙体改建图，会把拆除墙体图与新砌墙体图放在同一张图上。

设计后墙体改建图，一般具有根据设计方案把需要改动结构的墙体在图纸上标明的标识。比较常见的表示方法，就是在图纸上用虚线表示需要拆除的墙体，用深色表示需要改建的墙体，如图 5-7 所示。

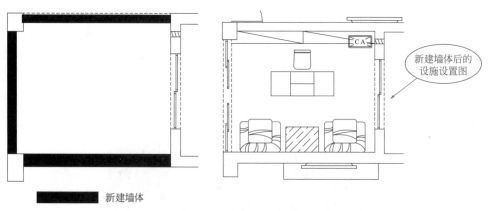

图 5-7　需要改建的墙体

5.4.2　装修改建平面图直观信息

识读设计后墙体改建图，突出特点在于"墙体"的新砌、拆除。因此，首先掌握哪些是新砌墙体、哪些是拆除墙体、哪些是保留墙体。然后，就是确定每面新砌墙体的尺寸、每面

拆除墙体的尺寸。有的新砌墙体还会涉及新砌方法与要求，有的拆除墙体还会涉及拆除方法
与要求。

设计后墙体改建图，往往直接给出了家装原始
建筑测量图、户型图上有关的信息，以及本身介绍
的拆卸墙体、新建墙体。

5.4.3　装修改建平面图隐蔽与支撑的知识

很多装修改建平面图，往往没有具体介绍拆卸
墙体的工艺和新建墙体的工艺。因此，识读该类装
修改建平面图，还需自己掌握一些工艺与技能。

拆除墙体的图例如图 5-8 所示。新砌墙体的图
例如图 5-9 所示。

图 5-8　拆除墙体的图例

图 5-9　新砌墙体的图例

与顶面交接处，用
砂石和斜砖卡，结
构更加紧凑

识读设计后墙体改建图，还应具有能够判断各空间划分是否合理、新砌墙是否合理等能
力。砌墙砖类型多，其选择有不同的要求，如图 5-10 所示。

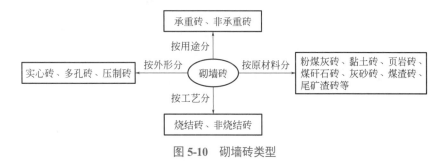

图 5-10　砌墙砖类型

楼层家装隔墙，应采用轻质隔墙。轻质隔墙的类型多，其中，隔声隔墙的安装图例如
图 5-11 所示。

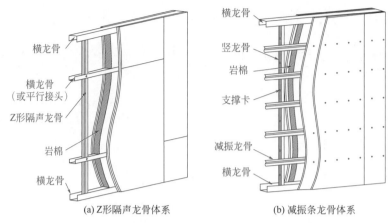

(a) Z形隔声龙骨体系　　　　(b) 减振条龙骨体系

图 5-11　隔声隔墙的安装图例

餐厅与厨房，一般应设置为相邻的位置。卫生间，一般适合设计在角落处，这样不仅可以节约空间，并且有利于其他空间的布局设计。

5.4.4　家装墙体改建图识读实例

某家装墙体改建图识读图解如图 5-12 所示。

扫码看视频

墙体改建图
识读图解

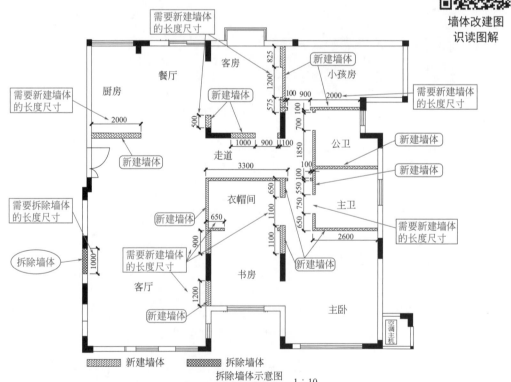

图 5-12　某家装墙体改建图识读图解

5.4.5　某小型空心砌块门洞施工图识读实例

有的新建墙体,还需要留门洞等要求。某小型空心砌块门洞施工图如图 5-13 所示,其识读技巧如图 5-14 所示。

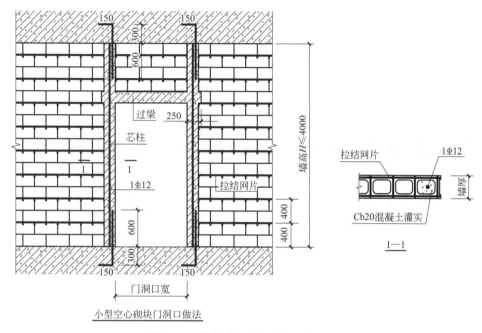

图 5-13　某小型空心砌块门洞施工图

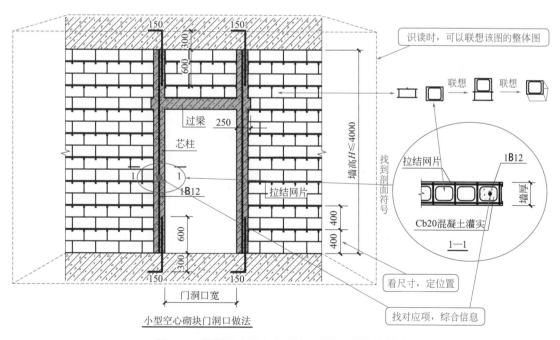

图 5-14　图解某小型空心砌块门洞施工图识读技巧

5.5 装饰平面图

5.5.1 装饰平面图基础知识

装饰平面图，不仅可以反映整个居室的布局与各房间的功能、各房间的面积，还能根据其了解居室的门窗位置，以及平面图上元素的比例关系。装饰平面图外围的大范围结构，是整个房屋的户型。简单地讲，装饰平面图就是在功能区已经确定划分好后，对各功能房屋进行的布置图。

装饰平面图识读的一些常识见表 5-1。

表 5-1 装饰平面图识读的一些常识

项目	解 释
方向	平面图的方向一般与总图方向一致，并且平面图的长边一般与横式幅面图纸的长边是一致的
一张图纸上绘制的多于一层的平面图	在同一张图纸上绘制的多于一层的平面图，一般各层平面图是按层数由低向高的顺序从左至右或从下至上布置的
投影法	一般除顶棚平面图外，其他各种平面图是按正投影法绘制的。顶棚平面图宜用镜像投影法绘制
门窗洞口的剖切俯视	一般有的门窗洞口的门店在门窗洞口处有水平剖切俯视屋顶平面图
多房间	一般为不同房间编了房间名称或编号，一般编号注写在直径为 6mm 细实线绘制的圆圈内，并在同一张图纸上列出房间名称表
内视符号	有的立面在平面图上的位置标有内视符号，注明了视点位置方向及立面编号。内视符号中的立面编号一般采用拉丁字母或阿拉伯数字表示
指北针	指北针一般绘制在建筑物标高的 ±0.00 平面图上，并且放在明显位置，其所指的方向也是总图的方向
图形	平面布置图中，构造柱一般是用黑点表示的，剪力墙一般是用斜纹表示的，隔墙一般是"空白"墙体

5.5.2 装饰平面图直观信息

平面布置图，一般是指用平面的方式展现空间的布置与安排。平面布置图是房屋布置方案的一种简明图解形式。

设计后平面布置图，一般会标出设计后各房间的名称、各区域的名称，并且会标注 2~3 道尺寸，即一道为设计后房间净空尺寸，一道为总长或总宽尺寸。平面布置图往往还包括以下一些内容：墙体定位尺寸、墙体厚度、隔墙位置、隔墙材料、结构柱宽度尺寸、门窗宽度尺寸、室内地面标高、外地面标高、门的开启方向、门的位置、家具布置、家具器械尺寸、盆景配置、雕塑配置、工艺品配置、楼梯位置、楼梯上下方向示意等信息。待定的家具、盆景等，往往会用另外的文字注明或者说明。

识读平面布置图，需要注意看清图纸的比例、图纸的尺寸、材料的选择及工艺的要求。

 拓 展

平面布置图所反映的角度与我们平时的视角不同。平面布置图所反映的角度是"鸟瞰"，

我们平时的视角是平视。

5.5.3　装饰平面图隐蔽与支撑的知识

识读平面布置图，不仅要看懂图上的信息，还应能够判断各功能区家具、设施布置是否合理。因此，识读平面布置图，首先需要掌握墙体符号、门窗符号、家具符号、设施符号等符号。然后，弄懂家具和设施摆放位置、方向。再判断家具、设施是否符合安排得当、使用方便等要求。最后，可以看地面平面布置图，以掌握地面装修方式、地面用材等有关信息，以及判断地面装修是否合理。

如果发现装饰平面图与现场不符合的情况，应及时与设计人员沟通、交流。

 **拓展**

客厅布置的一些技巧如下。
① 电视柜不宜过长，一般为 1.5～2m 比较合适。
② 客厅沙发背能够靠墙壁更好。
③ 客厅沙发的摆放不能影响动线。
④ 客厅沙发的朝向，一般以背对着入户门或者玄关为宜。
⑤ 客厅沙发的尺寸，需要根据整个客厅的面积来进行布置，不宜过大或者过小。
⑥ 客厅沙发与电视间有一个观看舒适距离的要求。
客厅平面布置图往往涉及的一些设备、家具如图 5-15 所示。

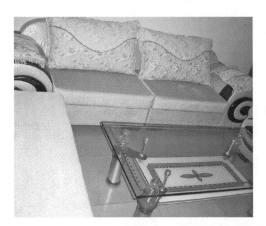

图 5-15　客厅平面布置图往往涉及的一些设备、家具

卧室布置的一些技巧如下。
① 卧室床头尽量不放在进门的地方，以免影响房间的动线。
② 卧室衣柜一般设置在进门处最近的一面墙上，以方便、合理、不影响整个房间的动线为原则。

5.5.4 家装平面布置图实例识读

家装平面布置图图例与图上解释如图 5-16 所示。

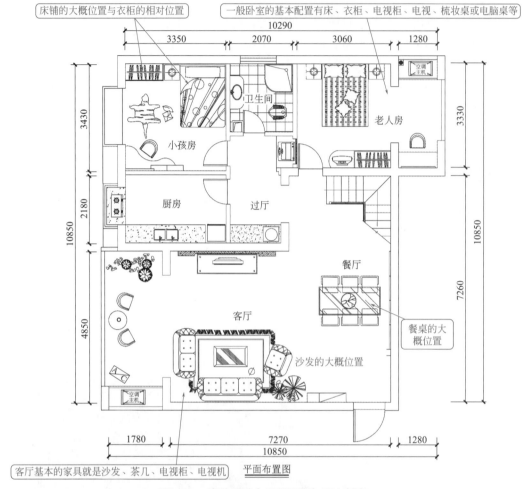

图 5-16　家装平面布置图图例与图上解释

图 5-17　某家装户型模型

【识图实战技法】

识读家装平面布置图时，还应能够与户型模型联系起来。某家装户型模型如图 5-17 所示。该户型模型的家具、设备的位置比较直观。家具、设备的立体模型比较逼真，这样容易理解平面布置图的特点。卧室平面布置图往往涉及的设备、家具如图 5-18 所示。

餐厅平面布置图往往涉及的设备、家具如图 5-19 所示。

厨房平面布置图往往涉及的设备、家具如图 5-20 所示。

 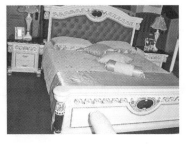 

图 5-18　卧室平面布置图往往涉及的设备、家具

图 5-19　餐厅平面布置图
往往涉及的设备、家具

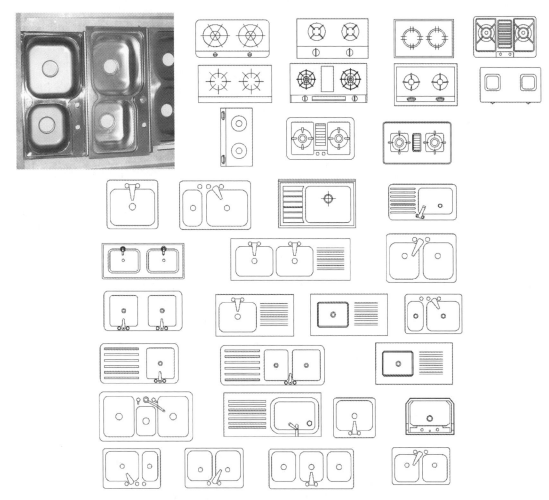

图 5-20　厨房平面布置图往往涉及的设备、家具

5.6　装饰立面图

5.6.1　装饰立面图基础知识

立面图，简单地理解就是立起来的装修面的图纸。对于房屋来说，墙壁是立起来的。

因此，对于家装立面图而言，其侧重于对房屋墙体的布局设计，即墙壁装修后是什么效果。

装饰立面图识读的一些常识见表5-2。

表 5-2　装饰立面图识读的一些常识

项目	解　释
投影法	各种立面图一般是按正投影法绘制的
尺寸有标高	立面图一般具有投影方向可见的建筑外轮廓线、墙面线脚构配件、墙面做法及必要的尺寸、标高
平面形状曲折的建筑物	平面形状曲折的建筑物有的绘制展开立面图、展开室内立面图
圆形或多边形平面	圆形或多边形平面的建筑物有的是分段展开绘制的立面图、室内立面图，并且在图名后一般加注了"展开"二字
较简单的对称式建筑物或对称的构配件	较简单的对称式建筑物或对称的构配件的立面图有的只绘制了一半，并且在对称轴线处画有对称符号
立面图上相同的门窗阳台外檐	立面图上相同的门窗阳台外檐装修构造做法等有的只在局部重点表示，绘出了其完整图形，其余部分只画轮廓线
有定位轴线的建筑物	有定位轴线的建筑物一般根据两端定位轴线号编注立面图名称
无定位轴线的建筑物	无定位轴线的建筑物有的按平面图各面的朝向确定名称，而不像有定位轴线的建筑物那样编注立面图名称
室内立面图的名称	室内立面图的名称一般是根据平面图中内视符号的编号或字母来确定的
相邻的立面图	相邻的立面图一般绘制在同一水平线上，图内有相互关系的尺寸、标高一般也标注在同一竖线上

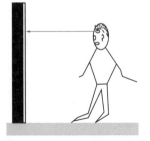

图 5-21　识读立面图时的假想

5.6.2　装饰立面图直观信息

识读立面图，关键是掌握装修各墙壁的材料、装修方式、结构特点、造型、装修处理、装饰效果等信息。

立面图所反映的角度与我们平时的视角基本一致，也就是平视。为此，识读哪面墙壁立面图时，则可以假想自己站在该面墙壁前，平视看过去看到的效果，如图5-21所示。

 拓 展

平面图与立面图的视觉区别如图5-22所示。

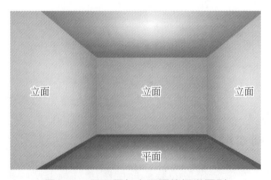

图 5-22　平面图与立面图的视觉区别

　　由于家装需要绘制立面图的墙面、家具、设备设施比较多，为此识读立面图时，应把立面图与墙面、家具、设备设施对应起来。因此，识读立面图时，要看立面图的图名应参看平面图。

　　床铺立面图常见图例如图5-23所示。图纸上给出的床铺立面图，往往是单一的图例。如果想掌握床铺的完整信息，则需要看配套的立面图，或者有关配套的视图，如图5-24所示。有的床铺立面图标注了结构名称，识读时，需要掌握各结构的层次与联系，以及结构名称、结构材料等信息，如图5-25所示。

图5-23　床铺立面图常见图例

图5-24　床铺多视立面图

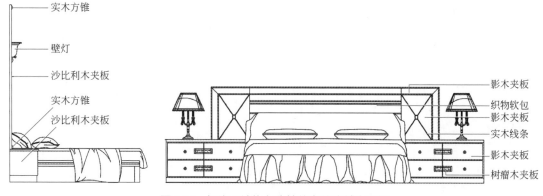

图5-25　标注了结构名称等信息的床铺立面图

　　沙发立面图常见图例如图5-26所示。带有尺寸的沙发立面图常见图例如图5-27所示。

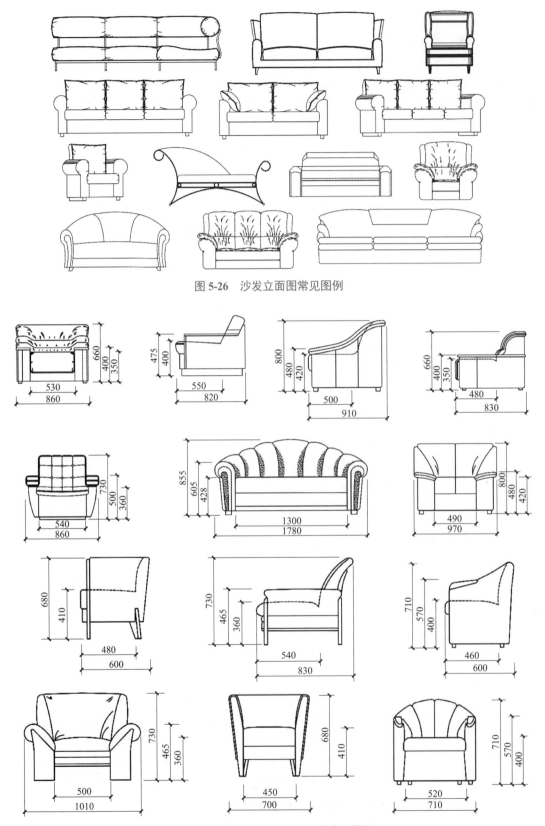

图 5-26　沙发立面图常见图例

图 5-27　带有尺寸的沙发立面图常见图例

椅子立面图常见图例如图 5-28 所示。

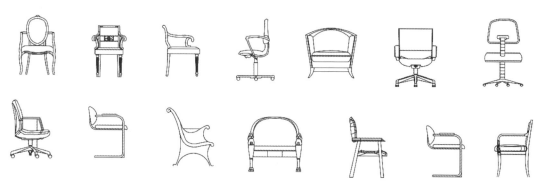

图 5-28　椅子立面图常见图例

5.6.3　装饰立面图隐蔽与支撑的知识

要想看懂立面图，则平时要对设备设施、家具、墙壁造型、装饰效果等的实物、实景多看看。这样看图时，联想到实物、实景就容易一些。

另外，因家装中的设备设施、家具等物质的类型、种类多，所以立面图图例外形也多。但是，立面图图例外形往往是根据实物、实景来绘制的，因此同类的设备设施、家具的外形具有一定的相似性与可识别性。厨房立面图往往涉及的设备、家具以及厨房有关设施立面图如图 5-29 所示。

一般的装饰立面图，往往没有提供实物、实景。为此，识读装饰立面图时，应能够根据立面图联想得出其实物、实景。

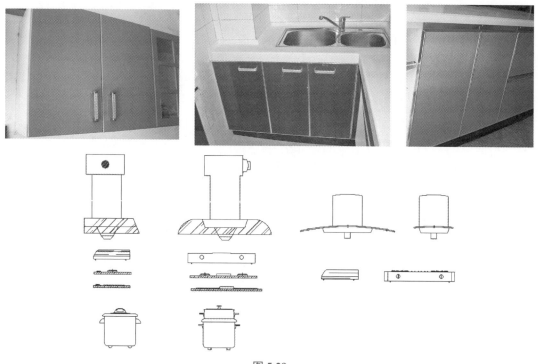

图 5-29

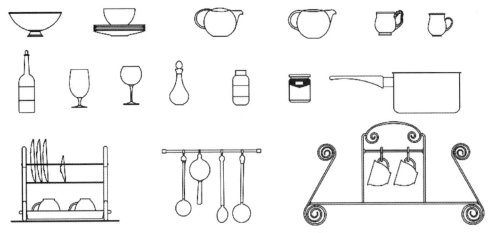

图 5-29　厨房立面图往往涉及的设备、家具以及厨房有关设施立面图

卫生间立面图涉及的设备设施如图 5-30 所示。

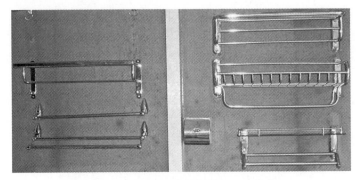

图 5-30　卫生间立面图涉及的设备设施

5.6.4　家装水槽处立面图识读实例

某家装立面图如图 5-31 所示。为了便于读图，可以假想图中不同物体采用不同的颜色表示，这样识别性与联想立体感就强一些，即立面图分色提高读图，如图 5-32 所示。

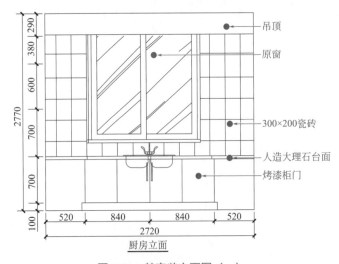

图 5-31　某家装立面图（一）

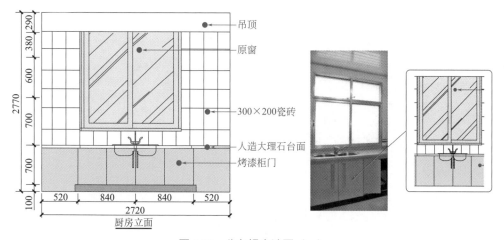

图5-32 分色提高读图（一）

【识图实战技法】

① 看图上直接呈现的信息：从该家装立面图上可以直接了解有关设备设施、相关尺寸。例如，该面墙壁具有窗户，墙面采用贴300mm×200mm的瓷砖。水槽安装在地柜中间位置。地柜采用人造大理石台面。柜门采用烤漆柜门。厨房上面采用吊顶形式。窗户采用原窗。

对于相关尺寸的掌握，宽度总尺寸与分尺寸的掌握：宽度尺寸为2720mm，也就是地柜总长度；地柜采用6门，两边的宽度分别为520mm，中间4门，为840mm+840mm。

高度总尺寸与分尺寸的掌握：厨房总高度为2770mm；地柜高度为800mm；贴300mm×200mm瓷砖的高度为700mm+600mm+380mm=1680mm；吊顶高度为290mm。

总尺寸：高度×宽度为2770mm×2720mm。

② 想图上隐含的或者遵循的支持知识：具备能够看图上有关设备设施、相关尺寸是否合理、是否符合现场细节的判断能力。地柜的宽度、水槽的尺寸均需要从其他图纸或者有关支持信息中了解。瓷砖的铺贴工艺、方案等也需要从其他图纸或者有关支持信息中了解。

某家装立面图如图5-33所示。为了便于读图，可以假想图中不同物体采用不同的颜色表示，这样识别性与联想立体感就强一些，如图5-34所示。

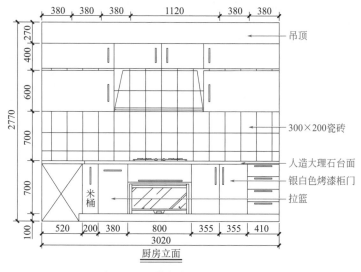

图5-33 某家装立面图（二）

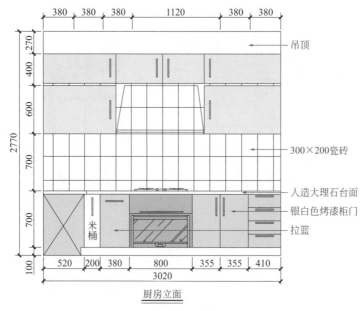

图 5-34　分色提高读图（二）

③ 会图物互转互联：看图例这样的家装立面图，有关材料、尺寸、定位、关联等信息的掌握很重要。另外，对于初学者而言，会图物互转互联才能够更好地把图上的要求落实到现场，如图 5-35 所示。为此，看立面图时，应尽量结合效果图、材料图、设备图等其他图纸配合看。

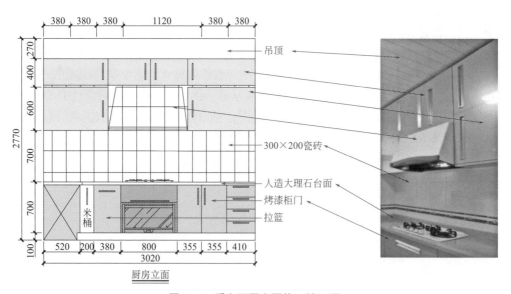

图 5-35　看立面图会图物互转互联

5.7　装饰剖面图

5.7.1　装饰剖面图基础知识

装饰剖面图，也就是装饰剖切图。装饰剖面图识读的常识见表 5-3。

表 5-3　装饰剖面图识读的常识

项目	解　释
剖面图的作用	剖面图的剖切部位一般是根据图纸的用途或设计深度在平面图上选择能反映全貌构造特征、有代表性的部位剖切的，而不是随意的
投影法	各种剖面图一般是按正投影法绘制的
要素	剖面图内一般有剖切面、投影方向可见的建筑构造构配件、必要的尺寸、标高等要素
剖切符号	剖切符号一般用阿拉伯数字、罗马数字、拉丁字母编号
管线与灯具	如果占空间较大的设备管线、灯具等也有剖切面，应在图纸上绘出
相邻的剖面图	相邻的剖面图一般绘制在同一水平线上，并且图内相互有关的尺寸、标高也标注在同一竖线上

5.7.2　装饰剖面图直观信息

若需要剖切的图不同，则剖切的部位就不同，因此，具体的装饰剖面图往往是"个性化"很强的图。装饰剖面图直接介绍的信息，也往往是"个性化"很强的信息。

对于装饰剖面图，如果假想的剖切面剖切的位置不同，则得到的内容就不同，门窗表达方式也不同，图例如图 5-36 所示。

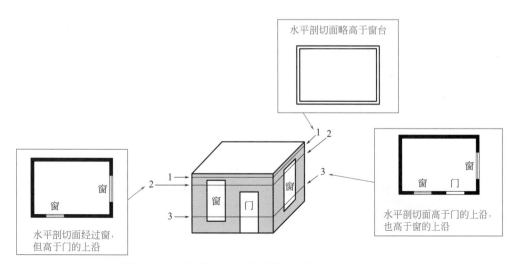

图 5-36　假想剖切面剖切的位置不同得到的内容就不同

装饰剖面图上，往往会有内部构造信息、材料信息、设备信息等。装饰剖面图上，也往往会有图名、编号。装饰剖面图上，还往往会有图例、图形、名称、指示线、尺寸等。

装饰剖面图上往往没有剖切符号，剖切符号一般标在需要剖切的原图上。

5.7.3　装饰剖面图隐蔽与支撑的知识

有的图纸有多个剖面图，往往采用 1—1 剖面图、2—2 剖面图、3—3 剖面图等形式给出，因此，需要对应好剖面图的原图，以及原图上的剖面位置。剖面图图例如图 5-37 所示。

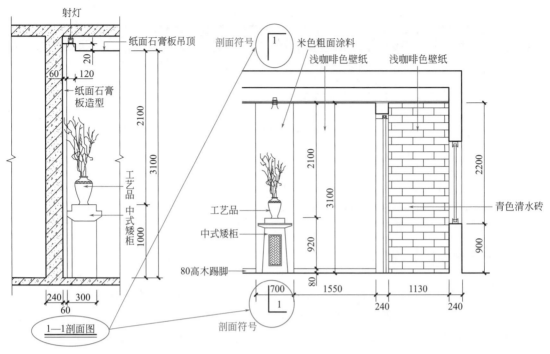

图 5-37 剖面图图例

识读剖面图时，需要确定观察剖面图的方向。剖面图上往往不直接用文字表示观察剖面图的方向。剖面图的原图上也往往不直接用文字表示观察剖面图的方向。剖面图的原图往往有剖切符号与剖切平面。那么，怎么根据剖切符号来判断剖面图的方向呢？其实，很简单，也就是冲向剖切平面的那个箭头方向就是观察剖面图的方向，如图 5-38 所示。如果图中没有标志剖切面的箭头（线段）指向，则需要读者自己寻找剖切面的剖切方向，以及观察剖面图的方向。

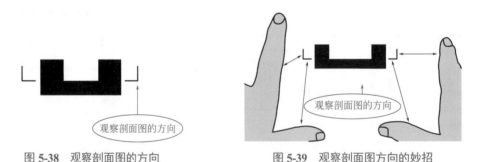

图 5-38 观察剖面图的方向　　　　图 5-39 观察剖面图方向的妙招

小 结

判断剖面图方向的妙招：把两只手的食指与大拇指分别对应这两个剖切号，此时你的目光方向就是看剖面图的方向，如图 5-39 所示。

5.7.4 家装剖面图识读实例

某家装剖面图实例与其分色处理的效果如图 5-40 所示。

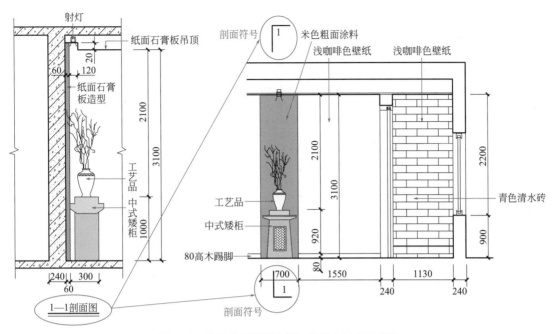

图 5-40　某家装剖面图实例与其分色处理的效果

【识图实战技法】

识图剖面图时，首先找到原图上剖面的位置，也就是找到相应的对称剖面符号。然后，仔细看图上剖面符号附近图的特点，也就是有什么设备设施、造型特点、结构特点等。另外，对于原图上看不到的结构，以及可以通过剖面图剖切后才能够看到的结构，应能够联想到在原图上的位置与其特点。本实例是立面图上的剖面图，也就是原图为立面图。立面图上的 "1 / 1" 处位置就是剖面图剖切处。识读剖面图时，就假想剖面符号连成线，则线上的设备设施、造型的特点如图 5-41 所示。剖面图，就是根据假想剖面符号连成线切开看的图。这时，看立面图是平视的，而看其剖面图，则相当于要把视角换成侧面看。看了侧面后，为了方便表达图纸，因此把侧面看的图平放。视角变换与图纸平放图解如图 5-42 所示。

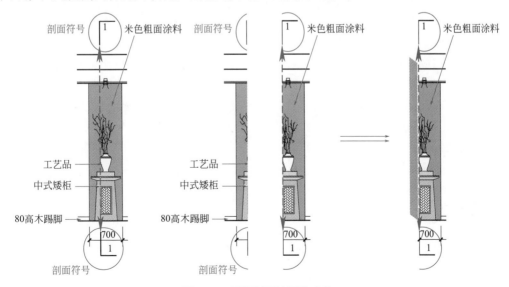

图 5-41　假想剖面符号连成线

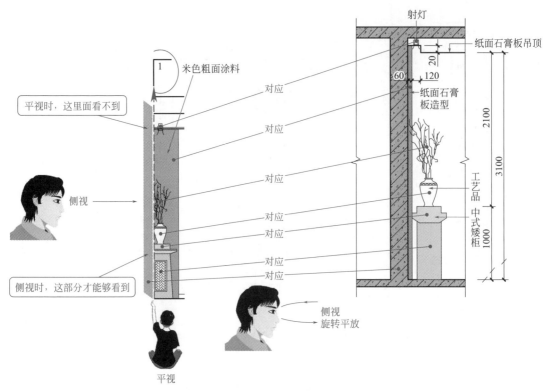

图 5-42　视角变换与图纸平放图解

5.8　装饰效果图、局部放大图与节点详图

5.8.1　装饰效果图的制图识图

装饰效果图，突出点落到"效果"两字样上。效果，是指事物或行为、动作产生的有效结果。简单地讲，装饰效果图，就是装饰结果效样图。装饰结果效样图，就是装修完成后的效样图。因此，装饰效果图，也就是装修完成后的效样图。

装修完成后的效样图，往往是通过计算机软件绘制而成的模拟图。因此，装饰效果图，也就是计算机软件绘制而成的模拟图。

装饰效果图往往具有仿真性，并且往往是三维立体图，能够体现场景效果。因此，识读平面图、立面图、剖面图时，参看装饰效果图，会起到很好的作用。

对于装饰效果图，出于制作成本等情况考虑，往往只绘制家装中的"客厅""餐厅""卧室"等重要立面的效果图，不会把整套家装效果图全部绘制出来。

小　结

由于制作装饰效果图软件的发展，有的软件可以根据毛坯房照片来制作效果图，从而节省了制作程序。大致操作程序为，首先用手机拍下毛坯房照片，然后把照片导入软件中，再在软件中进行编辑、添加等处理即可得到该毛坯房的效果图。

5.8.2　局部放大图与节点详图的制图识图

局部放大图往往与节点详图一起使用，变为局部放大详图。

局部放大图、节点详图，一般均是从水平的视角看到的局部放大与节点的详细表达。

放大，意味着局部变大。局部变大的目的，就是能够看清楚细节结构特点。详图，意味着该局部表述要详细、呈现结构要详细。有的图纸，如果需要再详细，则不便于绘制。因此，需要把详图的部位放大，需要另外绘制图来表述。

详图，也叫作大样图。大样图、节点图、局部放大图，往往是为了配合平面图、立面图、剖面图等详细化要求所设置的一类图。因此，在平面图、立面图、剖面图等图中，往往有这些细化图、详细图的索引符号。

看大样图、节点图、局部放大图，往往也需要结合平面图、立面图、剖面图等图纸来看，这样做到粗细结合，整体局部把控好。详图图例与图解效果如图 5-43 所示。

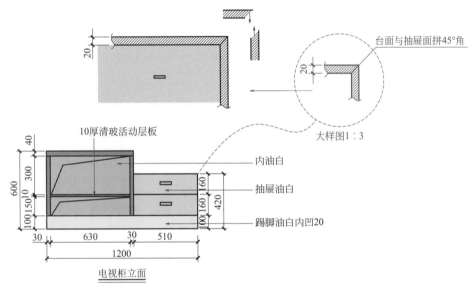

图 5-43　详图图例与图解效果

【识图实战技法】

看详图，首先需要确定详图是哪个部位的详图——实例中的详图是指台面与抽屉面拼角地方。

看详图，然后需要确定详图是指哪方面的详细表达——实例中的详图，是要求台面与抽屉面要为 45° 拼角。

看详图，还需要看详图是否提供了其他有关信息——实例中的详图，标注了台面厚度尺寸为 20mm。

第6章 装饰装修具体类型图的识读

6.1 墙面工程图

6.1.1 墙面工程图基础知识

墙面工程装修施工图，也就是把涉及墙面装修施工的图纸划为一类。墙面工程装修施工，其实就是涉及室内墙面不同的类型，如图 6-1 所示。墙面工程装修施工，往往还涉及踢脚板与墙裙的施工。室内墙面踢脚板与墙裙的类型如图 6-2 所示。

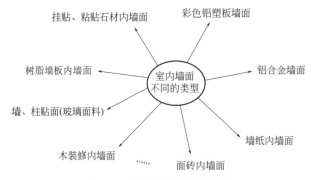

图 6-1 室内墙面不同的类型

图 6-2 室内墙面踢脚板与墙裙的类型

家装中各墙面设计特点与施工工艺存在不同的情况，例如有的墙面采用粉刷，有的墙面采用乳胶漆，有的墙面采用贴瓷砖等。

家装墙面装修，主要分为卫生间墙面、厨房墙面、客厅墙面、阳台墙面等。卫生间、厨房墙面材料大部分采用瓷砖。家装墙面装修，往往是以立面图、局部图等形式给出。

6.1.2　墙面工程图隐蔽与支撑的知识

裱糊类墙面是指采用墙纸、墙布等裱糊的一类墙面。裱糊类墙面常见构造与施工的工艺流程：墙体用水泥石灰浆打底→墙面平整→墙面干燥后清扫基层、填补缝隙→石膏板面接缝处贴接缝带、补腻子、打磨砂纸→满刮腻子→砂纸磨平墙面腻子层→涂刷防潮剂→涂刷底胶→墙面弹线→墙纸浸水→墙纸基层涂刷胶黏剂→墙纸裁纸→上墙裱贴、拼缝、搭接、对花→赶压胶黏剂气泡→擦净胶水→修整墙纸。

木护墙板、木墙裙的构造如图 6-3 所示。木护墙板、木墙裙常见构造与施工工艺流程：处理墙面→进行弹线→制作木骨架→固定木骨架→安装木饰面板→安装收口线条。

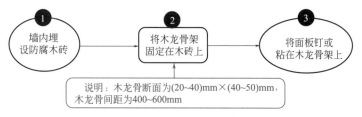

图 6-3　木护墙板、木墙裙的构造

粘贴釉面砖常见构造与施工工艺流程：基层处理、清扫基层→抹底子灰→选择釉面砖→浸泡釉面砖→排釉面砖→弹线→粘贴标准点→粘贴釉面砖→勾缝→擦缝→清理。

粘贴陶瓷锦砖常见构造与施工工艺流程：基层处理、清扫基层→抹底子灰→排陶瓷锦砖→弹线→粘贴→揭纸→擦缝。

天然花岗岩、大理石板材墙面常见构造与施工工艺流程：基层处理、清扫基层→安装基层钢筋网→板材钻孔→绑扎板材→灌浆→嵌缝→抛光。

木龙骨隔断墙常见构造与施工工艺流程：地面基层处理、清扫地面基层→弹线且找规矩→在地面用砖、水泥砂浆做踢脚座→弹线、返线到顶棚与主体结构墙上→安装边框墙筋→安装沿地、沿顶木龙骨→安装隔断立龙骨→安装横龙骨→封罩面板，以及预留插座位置与设加强垫木→处理好罩面板。

玻璃砖分隔墙常见构造与施工工艺流程：进行基层清理→安装木龙骨架→安装衬板→固定玻璃。

墙面拉毛灰施工常见构造与施工工艺流程：根据灰饼充筋→装档，抹底层砂浆→养护→弹线与分格→粘分格条→抹拉毛灰→拉毛→起分格条→勾缝→养护。

墙面水泥砂浆粉刷施工常见构造与施工工艺流程：进行基层处理→做好灰饼→出柱头→抹好底层→抹好垫层→抹好面层。

墙面抹灰施工常见构造与施工工艺流程：进行基层处理→吊直、套方、找规矩→贴灰饼→墙面冲筋→做好护角→抹水泥窗台板→抹好底灰→抹好中层灰→抹好水泥砂浆罩面灰→抹好墙面罩面灰→养护。

内墙涂料施工常见构造与施工工艺流程：进行基层处理→修补好墙面→第一遍刮腻子与磨平→第二遍刮腻子与磨平→刷好第一遍涂料→复补腻子→磨平→刷好第二遍涂料→再磨平→刷好第三遍涂料。

室内墙面贴砖施工常见构造与施工工艺流程：进行基层处理→贴好标志砖→镶贴好瓷砖→擦缝→清洁。

家装墙面工程施工图，往往还涉及门、窗、柜子等设备设施。门窗施工常见构造与施工工艺流程如下。

① 平开木门窗施工常见构造与施工工艺流程——确定安装位置→弹好安装位置线→将门窗框就位、摆正→临时固定→用线坠、水平尺把门窗框校正、找直→把门窗框固定、预埋在墙内→把门窗扇靠在框上→根据门口画好高低尺寸、宽窄尺寸→刨修合页槽。

② 悬挂式推拉木门窗常见构造与施工工艺流程——确定安装位置→固定门顶部→固定侧框板→把吊挂件套在工字钢滑轨上→固定好工字钢滑轨→固定好下导轨→装入门扇上冒头顶上的专用孔内→把门顺下导轨垫平→悬挂螺栓、固定好挂件→检查门边与侧框板吻合情况→固定好门→安装贴脸。

③ 下承式推拉窗常见构造与施工工艺流程——确定好安装位置→固定好下框板→固定好侧框板→固定好上框板→剔修出与钢皮厚度相等的木槽→把钢皮滑槽粘在木槽内→把专用轮盒粘在窗扇下端的预留孔里→窗扇装好上轨道→检查窗边与侧框板缝隙情况→调整→安上贴脸。

6.1.3 墙面工程图的图物互转互联

常见墙面类型与墙面材料如图6-4所示。内墙刷腻子、刷防瓷涂料与刷墙漆如图6-5所示。内墙石材工艺如图6-6所示。

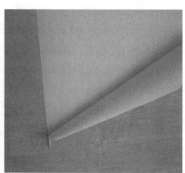

(a) 马赛克　　　(b) 马赛克与瓷砖组合　　　(c) 墙布

图6-4　常见墙面类型与墙面材料

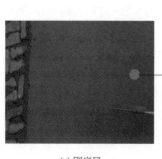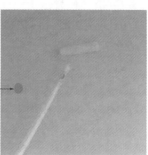

(a) 刷底层　　　(b) 刷仿瓷涂料　　　(c) 刷墙漆

图6-5　内墙刷腻子、刷仿瓷涂料与刷墙漆

图 6-6　内墙石材工艺

6.1.4　墙纸墙面工程图识读实例

某墙纸墙面工程图实例如图 6-7 所示。

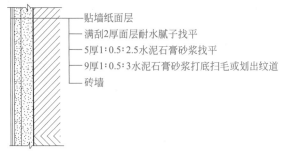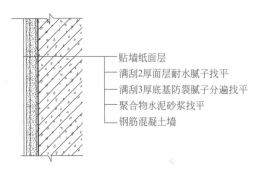

图 6-7　某墙纸墙面工程图实例　　　　图 6-8　某混凝土墙体施工图实例

【识图实战技法】

① 看图上直接呈现的信息：该实例实质上就是一幅剖面图，因此，可以采用识读剖面图的方法来进行。图上有图例、指示线、名称，根据指示线把图例与名称对应好即可。识读时，应注意墙体的类型。因为墙体的类型不同，其施工有差异。但是，其施工图有一定的相似性，例如，某混凝土墙体施工图实例如图 6-8 所示。

② 想图上隐含的或者遵循的支持知识：实例为墙纸墙面工程施工图，则其施工工艺流程、施工方法需要提前掌握。为更好地理解图中结构层次，可以把图标注变换一下或者采用分色来识读，如图 6-9 所示。

图 6-9　把图标注变换一下或者采用分色来识读

6.1.5 面砖墙面工程图识读实例

某面砖墙面工程图实例如图 6-10 所示。

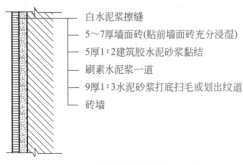

图 6-10 某面砖墙面工程图实例

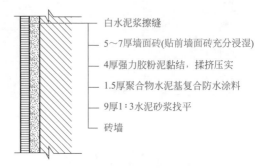

图 6-11 有防水层的面砖墙面工程图例

【识图实战技法】

① 看图上直接呈现的信息：实例图上有图例、指示线、名称，根据指示线把图例与名称对应好即可。识读时，应注意文字，有的文字为名称，有的文字为施工要求。

② 想图上隐含的或者遵循的支持知识：为了更好地理解图中结构层次，也可以把图标注变换一下或者采用分色来识读。对于面砖墙面工程施工，有的墙面需要做防水，因此该类型面砖墙面工程施工应有防水层，其图例如图 6-11 所示。

6.2 地面工程图

6.2.1 地面工程图基础知识

地面工程装修施工图，也就是把涉及地面装修施工的图纸划为一类。室内装饰楼地面的类型如图 6-12 所示。

图 6-12 室内装饰楼地面的类型

家装中各地面设计特点与施工工艺存在不同的情况，例如有的地面铺设地毯，有的铺设木地板，有的铺贴瓷砖等。

6.2.2 地面工程施工图隐蔽与支撑的知识

水泥砂浆地面施工常见构造与施工工艺流程：基层处理→找好标高、弹好线→洒水润湿→抹好灰饼与标筋→搅拌好砂浆→刷水泥浆结合层→铺水泥砂浆面层→木抹子搓平→铁抹子压第一遍→第二遍压光→第三遍压光→养护。

现制水磨石地面施工常见构造与施工工艺流程：基层处理→找标高→弹水平线→铺抹找平层砂浆→养护→弹分格线→镶分格条→拌制水磨石拌合料→涂水泥浆结合层→铺水磨石拌合料→滚压抹平→试磨→粗磨→细磨→磨光→草酸清洗→打蜡上光。

大理石（花岗石）地面施工常见构造与施工工艺流程：基层处理→试拼→弹好线→试排好→刷水泥浆、铺砂浆结合层→铺大理石板块或花岗石板块→灌缝、擦缝→打蜡。

铺贴面砖施工常见构造与施工工艺流程：处理基层→弹好线→瓷砖浸水湿润→摊铺水泥砂浆→安装好标准块→铺贴地面砖（彩色釉面砖）→勾缝→清洁。

木地板地面施工常见构造与施工工艺流程：基层处理、清扫基层→弹好格栅的安装位置线与标高→安装格栅→铺设好毛地板→铺设好木地板→安装好木踢脚。

强化复合地板施工常见构造与施工工艺流程：基层处理、清扫基层→铺设塑料薄膜地垫→粘贴复合地板→安装踢脚板。

半硬质塑料地板块施工常见构造与施工工艺流程：基层处理→弹好线→塑料地板脱脂除蜡→预铺好→刮胶→粘贴→滚压→养护。

软质塑料地板施工常见构造与施工工艺流程：基层处理→弹好线→塑料地板脱脂除蜡→预铺好→坡口下料→刮胶→粘贴→焊接→滚压→养护。

卷材塑料地板施工常见构造与施工工艺流程：裁切好→基层处理→弹好线→刮胶→粘贴→滚压→养护。

地毯铺设施工常见构造与施工工艺流程：基层处理、清扫基层→弹线、分格、定位→剪裁地毯→钉倒刺板、挂毯条→衬垫的铺设→地毯的铺设→细部的处理→铺设后的清理。

家装地面装修，主要分为卫生间地面、厨房地面、客厅地面、阳台地面等。卫生间、厨房地面材料大部分采用瓷砖。卧室地面材料大部分采用木地板。家装地面装修，往往是以平面图、局部图等形式给出。

家装整体地面平面图，可以反映房屋地面整体布局设计。家装整体地面往往不是同一水平，而是厨房地面、卫生间地面、阳台地面往往要比卧室地面、客厅地面低一些。

地面装修图中的地面材料分布图，主要突出的是"材料"与"分布"情况，该图往往具有地面材料尺寸、地面材料规格名称、地面材料铺贴方法、相关图例、地面拼花、不同材料分界线、涉及的设备等信息。

6.2.3 地面工程图的图物互转互联

常见地面类型与地面材料如图6-13所示。卫生间地面平面图常涉及的设备如图6-14所示。

(a) 瓷砖地面材料　　　　　　　(b) 木地板地面材料

图 6-13　常见地面类型与地面材料

(a) 蹲便器　　　　　　　　　　(b) 浴缸

(c) 坐便器

(d) 沐浴房　　　　　　　　　　(e) 洗手台

图 6-14　卫生间地面平面图常涉及的设备

一些地面的实例如图 6-15 所示。地面贴瓷砖工艺如图 6-16 所示。

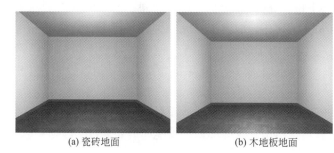

(a) 瓷砖地面　　　　　　　　(b) 木地板地面

图 6-15　一些地面的实例

图 6-16　地面贴瓷砖工艺

6.2.4　地面工程图识读实例

某家装地面配置图图例如图 6-17 所示。

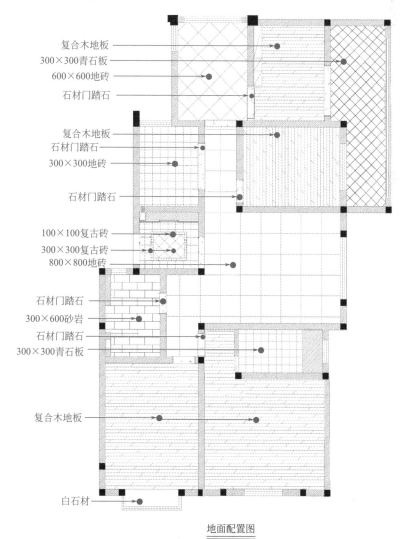

复合木地板

300×300青石板

600×600地砖

石材门踏石

复合木地板

石材门踏石

300×300地砖

石材门踏石

100×100复古砖

300×300复古砖

800×800地砖

石材门踏石

300×600砂岩

石材门踏石

300×300青石板

复合木地板

白石材

地面配置图

图 6-17　某家装地面配置图图例

【识图实战技法】

① 看图上直接呈现的信息：复合木地板、石材门踏石等地面材料，实例图上直接标明了名称。300mm×300mm 青石板、600mm×600mm 地砖、300mm×300mm 地砖、100mm×100mm 复古砖等地面材料，实例图上直接标明了名称与规格。相应区域地面材料根据指示线，直接从实例图上读出信息即可。实例图上材料安装后的整体效果形状，应根据图示来安装。

② 想图上隐含的或者遵循的支持知识：整个地面的标高、地面材料的具体施工工艺方法、地面材料施工允许偏差等在实例图上没有直接给出。这些知识与技能，需要通过学习与掌握，在看图时应灵活应用。

6.2.5 实木复合木地板安装图识读

某实木复合木地板施工安装图如图 6-18 所示。

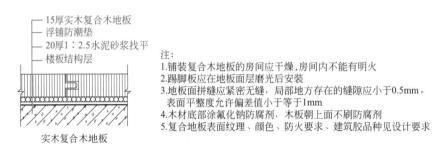

图 6-18 某实木复合木地板施工安装图

【识图实战技法】

为了便于识读与对照，对图例进行分色与标注移动，这样识读时理解就更清楚了，如图 6-19 所示。其实，该实例是剖面图，看该剖面图，其实就是看结构层。结构层，也就是底层是什么层，再在该层上面分别是什么层。然后，掌握每层的材料、施工要点是什么。

实例中，底层是楼板结构层，对于家装而言就是毛坯房屋的地面。楼板结构层上面是找平层，并且采用的材料是 1：2.5 水泥砂浆，施工厚度要求为 20mm。找平层上面一层为防潮层，施工要求为"浮铺"。防潮层上面一层为实木复合木地板层，施工要求为厚度为 15 mm。

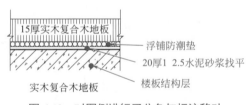

图 6-19 对图例进行了分色与标注移动

6.2.6 有龙骨的实木地板安装图识读

某有龙骨的实木地板安装图如图 6-20 所示。

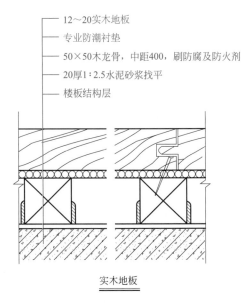

图 6-20　某有龙骨的实木地板安装图

【识图实战技法】

根据图名，说明该实例图是实木地板的安装图，也就是说该项目相关地面是采用实木地板的地面，而不是其他类型的地面。该实木地板的安装图上明显标注了木龙骨层。因此，木龙骨的规格、架构形状、定位尺寸等需要掌握。识读某有龙骨的实木地板安装图图解如图 6-21 所示。

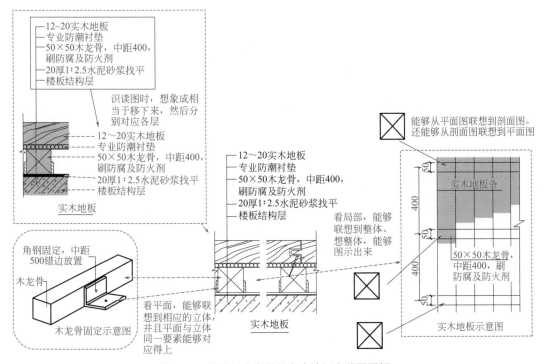

图 6-21　识读某有龙骨的实木地板安装图图解

6.3 顶面平面图

6.3.1 顶面平面图基础知识

顶面平面图，又叫作顶棚平面图。顶面工程装修施工图，也就是把涉及顶面装修施工的图纸划为一类。室内装修顶面平面图，主要涉及室内装修顶面的设计与施工。室内装修顶面，常采用吊顶的装修形式。室内装修吊顶形式的类型如图 6-22 所示。吊顶龙骨与配件的作用如图 6-23 所示。

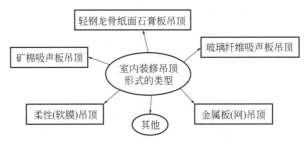

图 6-22　室内装修吊顶形式的类型

图 6-23　吊顶龙骨与配件的作用

家装顶面工程施工图，主要涉及顶面平面图。顶面平面图，又叫作顶棚平面图、天花尺寸图、天花吊顶布置图。

顶面平面图侧重于对房屋屋顶的布局设计。因此，顶面上的灯具、装饰品、设备以及其定位尺寸、结构尺寸，自然是顶面平面图主要介绍的对象。

看顶面平面图，首先看整套房屋的顶面平面图，以便掌握整体全局特点，然后看局部空间顶面平面图。看局部空间顶面平面图时，一般需要详细看，并且要结合是否在设计说明、施工说明中提到了与顶面平面图有关联的说明。

6.3.2　顶面平面图隐蔽与支撑的知识

看顶面平面图，除了理解图上的要求外，还应具备能够判断顶面平面图布局是否合理、哪些能够改动的部位等技能的能力。

顶面平面图的尺寸，有的可以直接从图上读出来，有的尺寸需要经过换算得到。

顶面平面图上往往还有详图索引、天花底面相对于本层地面建筑面层的高度、各房间的名称等信息。

 **拓 展**

特殊顶棚材料，往往会有文字说明，包括尺寸、名称、节点图、安装方法等说明。造型顶棚，需要注意顶棚的墙面装饰或者柜子的影响。顶棚有灯槽时，往往会有大样图，以及相关材料、尺寸说明。

家装中各顶面设计特点与施工工艺存在不同的情况，例如有的顶面采用龙骨吊顶，有的顶面采用石膏板吊顶等。

明龙骨吊顶工程常见构造与施工工艺流程：弹好线定位→固定吊点、安装吊杆→固定吊顶边部骨架材料→安装主龙骨→安装次龙骨→安装罩面板。

纸面石膏板吊顶工程常见构造与施工工艺流程：弹好顶棚标高水平线→画好龙骨分档线→安装管线设施→安装主龙骨吊杆→安装主龙骨→安装次龙骨→安装纸面石膏板→刷好防锈漆→安装好压条→安装好石膏线条。

硬木木骨架吊顶施工常见构造与施工工艺流程：弹好线、找平→安装好主梁→安装好格栅。

铝扣板吊顶工程常见构造与施工工艺流程：弹好线→安装好吊杆→安装好主龙骨→安装好边龙骨→安装好次龙骨→安装好铝合金方板→进行饰面清理。

矿棉板吊顶工程常见构造与施工工艺流程：进行基层清理→弹好线→安装好吊杆→安装好主龙骨→安装好边龙骨→弱电、综合布线敷设好→隐蔽检查→安装好次龙骨、矿棉板。

轻钢龙骨、铝合金龙骨吊顶常见构造与施工工艺流程：弹好线→安装好吊杆→安装好龙骨架→安装好面板。

PVC塑料板吊顶常见构造与施工工艺流程：弹好线→安装好主梁→安装好木龙骨架→安装好塑料板。

木格栅吊顶常见构造与施工工艺流程：进行测量→龙骨加工→进行表面刨光→开半槽搭接→进行阻燃剂涂刷→进行清油涂刷→安装磨砂玻璃。

6.3.3 顶面平面图的图物互转互联

一些顶面的实例如图 6-24 所示。顶面施工中的实例如图 6-25 所示。

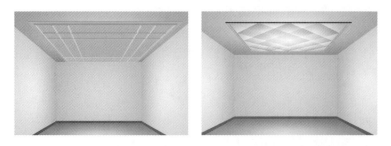

图 6-24 一些顶面的实例

图 6-25 顶面施工中的实例

6.3.4 家装顶面平面图识读实例

顶面平面图图例与图解如图 6-26 所示。

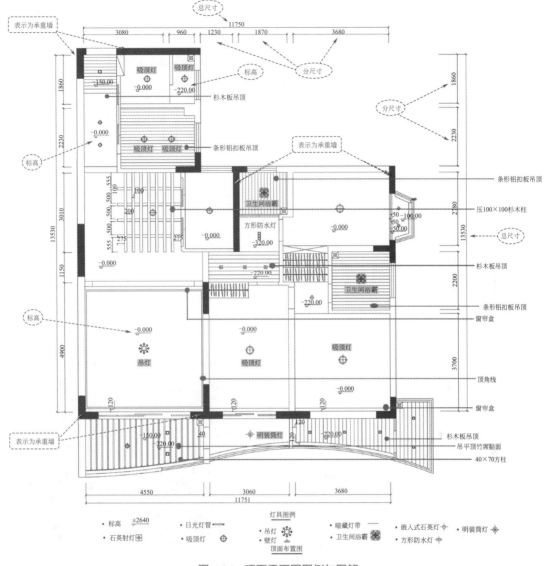

图 6-26　顶面平面图图例与图解

　　本实例重点介绍一下图物互转互联与综合识读的方法。

　　① 灯具的识读——客厅顶面，比较简单。图例标注了标高与吊灯符号，以及墙壁尺寸。吊灯，没有具体的定位尺寸，根据说明与提示，吊灯位于客厅顶面中间。施工时，需要根据现场测量尺寸确定客厅顶面中间位置。客厅顶面吊灯安装后的效果如图 6-27 所示。识读其他顶面灯具的方法以此类推即可。

　　② 特殊顶面的识读——本图例餐厅顶面属于特殊顶面，采用了网格杉木柱形式。网格杉木柱的柱与柱间隔尺寸，杉木柱前端、后端的尺寸，图上均有明确的标注。餐厅特殊顶面安装后的效果如图 6-28 所示。

　　③ 卫生间的顶面，常见的方式就是采用铝扣板 + 浴霸吊顶。一些顶面平面图没有明确给出浴霸的定位尺寸，以及铝扣板安装面距离卫生间地面的高度等。另外，有的卫生间的顶面最初的设计图采用的材料形式与实际安装图采用的材料形式有差异，则是实际安装施工前改

动了方案。为此，具体施工时，需要及时沟通。卫生间的顶面平面图与安装后的效果如图6-29所示。浴霸图例如图6-30所示。卫生间的吊顶板材与吊顶类型如图6-31所示。

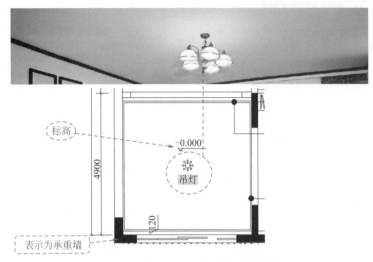

图 6-27　客厅顶面吊灯安装后的效果

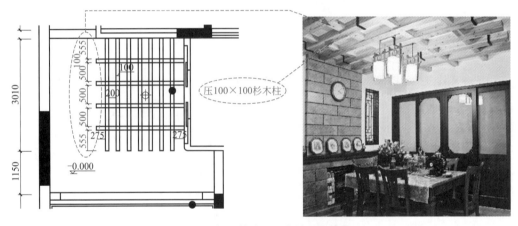

图 6-28　餐厅特殊顶面安装后的效果

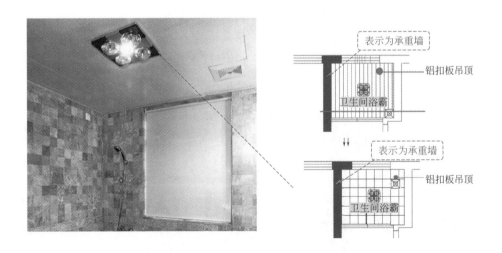

图 6-29　卫生间的顶面平面图与安装后的效果

图 6-30　浴霸图例

(a) 吊顶板材

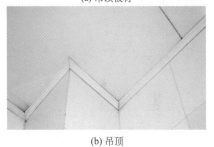

(b) 吊顶

图 6-31　卫生间的吊顶板材与吊顶类型

④ 本实例的阳台顶面采用网格杉木柱＋吊灯形式，因此网格杉木柱的柱与柱间隔尺寸，杉木柱前端、后端的尺寸，杉木柱的标高等需要掌握。阳台的顶面与安装后的效果如图 6-32 所示。

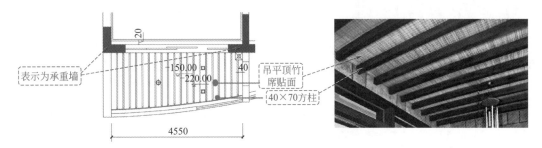

图 6-32　阳台的顶面与安装后的效果

6.3.5　吸顶式吊顶平面图与详图的识图

某吸顶式吊顶平面图与详图图例如图 6-33 所示。

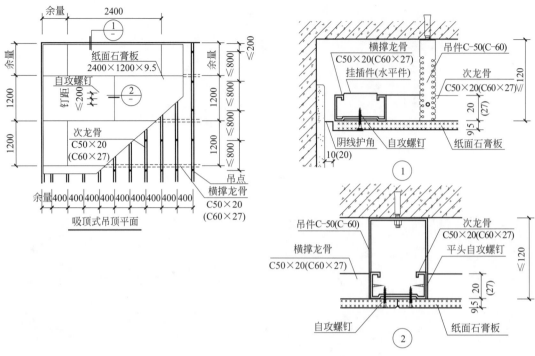

图 6-33 某吸顶式吊顶平面图与详图图例

【识图实战技法】

① 看图上直接呈现的信息：吸顶式吊顶平面图与详图图解如图 6-34 所示。

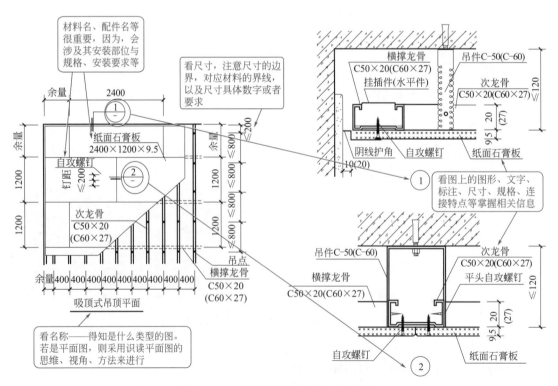

图 6-34 吸顶式吊顶平面图与详图图解

② 想图上隐含的或者遵循的支持知识：吸顶式吊顶平面图与详图图解如图 6-35 所示。

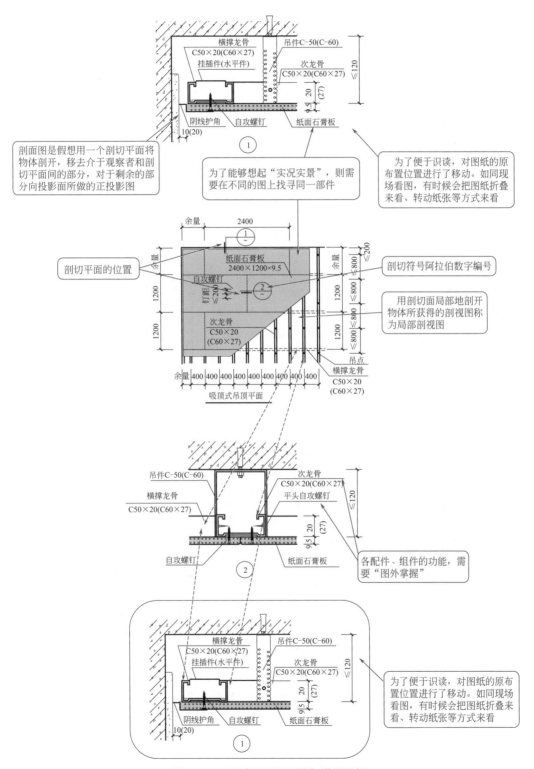

图 6-35　吸顶式吊顶平面图与详图图解

③ 会图物互转互联：看吸顶式吊顶平面图与详图时，应能够想起实物，其图物互转互联的图解如图 6-36 所示。

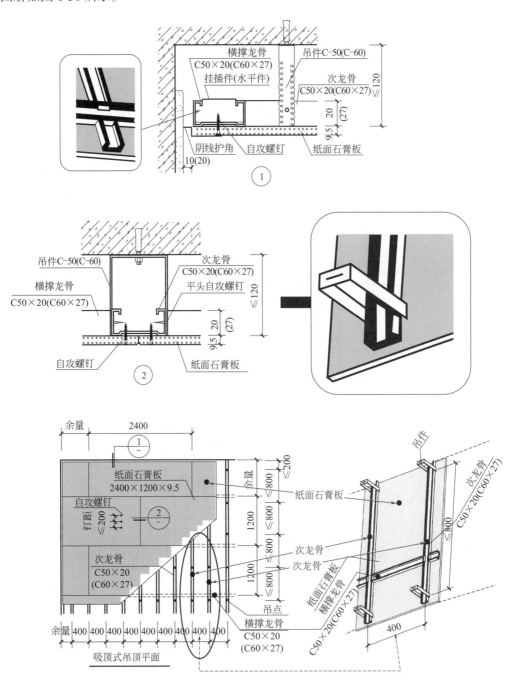

图 6-36　吸顶式吊顶平面图与详图图物互转互联的图解

第**7**章 | 木工家具与水电专业图的识读

7.1 装饰木工与家具图

7.1.1 木工与家具装饰施工图常识

木工是以木材为基本制作材料，以锯、刨、凿、插接、黏合等工序进行造型的一种工艺操作工。传统木工加工制作流程如图 7-1 所示。家装木工常见板材类型如图 7-2 所示。

图 7-1　传统木工加工制作流程

图 7-2　家装木工常见板材类型

木工，常需要制作一些吊顶、家具等项目。因此，木工需要会看懂木工施工图、家具装饰施工图等不同的图纸。

家具装饰施工图，也需要遵守有关制图标准的各项规定，并且画出的图样要符合标准的规定。

家具装饰施工图的图纸幅面、图框、标题栏、材料说明、线条线型要求等需要符合标准的规定。因此，无论是制图还是识图，均应掌握、了解有关制图标准的各项规定。

家具制图的图纸幅面如图 7-3 所示。

另外，有的装修公司会有自己的制

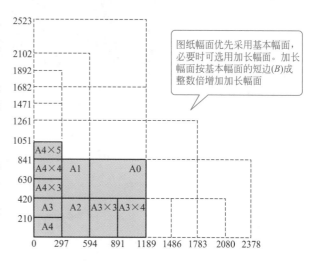

图 7-3　家具制图的图纸幅面

图要求。例如某公司有统一的图框供制图时套用；图上字体须为宋体，并且打印字体不得小于 5 号字体；图纸中设计图与文字比例要协调等规定。

识读家具图时，除了看单个家具图左视图、俯视图、柜体外立面图、柜体内立面图等图外，还应看家具所在房间的平面布置图。复杂的柜子，一般还有透视图。

7.1.2　图物互转互联

无论是识读家具图，还是绘制家具图，图与物的互转互联（即互相转换互相联系）相当重要。因此，平时应重视木工有关材料、工艺的实物、实景的观察。例如，常见木材的实物图例如图 7-4 所示。木工实物连接方式图例如图 7-5 所示。家装木工施工现场图例如图 7-6 所示。

图 7-4　常见木材的实物图例

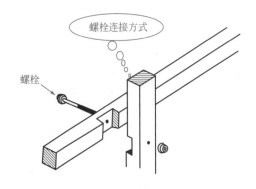

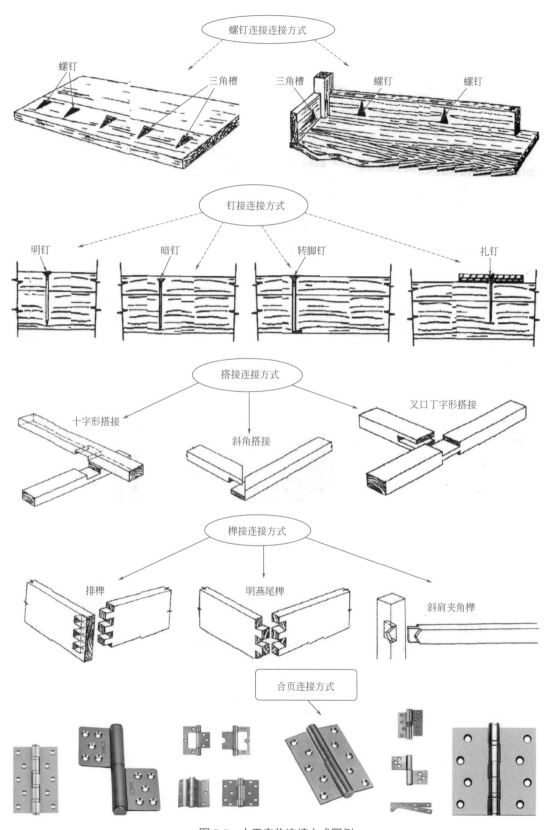

图 7-5　木工实物连接方式图例

图7-6　家装木工施工现场图例

7.1.3　家具所在房间的平面布置图

布置图，顾名思义，就是布设的位置图。对于家具所在房间的平面布置图而言，自然就是家具在房间的位置，以及房间的柱子、横梁、门、窗、插座等的位置。谈论位置，自然会想到能够确定位置的尺寸，以及相对相关设备、结构的关联地方。

家具所在房间的平面布置图上，往往也需要标出柜子的宽度尺寸、柜子的深度尺寸、柜子的高度尺寸，分体柜子需标注单个柜子的尺寸。

家具所在房间的平面布置图，往往可以绘制成示意性的图。

7.1.4　家具左视图

视，也就是看的意思。左视图，也就是左看图，从左边看过来的图。因此从左边看过来的图，往往放在立面图的右边。

 小 结

左视图，就是从主视图的左边往右边看。左视图，是左看，不是看左（不是看左边）。

家具封板在左视图上的表示要清楚。看不见的家具封板，一般可以用虚线表示。

家具左视图的图名，因其往往配套立面图，因此，其图名有的直接命名为左视图，而不再详细取名为房间＋家具＋左视图等形式。

家具左视图，往往会标出柜体的高度、柜体的深度、分体的尺寸等信息。有的家具左视图，会另外画侧剖图补充有关信息。侧剖图上看不见的板件，往往采用虚线来表示。

7.1.5　家具俯视图

俯视，意思为从高处往下看。家具俯视图，通俗地讲，就是从家具的上面看家具得到的图效果。俯视图，也叫作顶视图。

有的家具俯视图，放在内立面的正下方。也就是，家具俯视图要放在目光投看的方向。

家具俯视图，因其往往配套立面图，因此，其图名有的直接命名俯视图，而不再详细取名为房间＋家具＋俯视图等形式。

有的图纸没有家具俯视图，家具俯视图有关信息可以在其他图上得到，或者家具柜体深度相同、工艺为常规等情况。

有的家具俯视图，还需要俯视图的剖视图。转角柜的俯视图的剖视图，往往放置在转角柜的正下方。

 **小　结**

俯视，通俗地讲，就是弯着腰看。

7.1.6　家具斜视图

斜视图是将物体向不平行于基本投影面投射所得的视图。家具斜视图的特点如图 7-7 所示。斜视图中表示视图名称的大写拉丁字母必须水平书写（例如图例中的 A），指明投射方向的箭头应与要表达倾斜结构的实形的表面垂直。

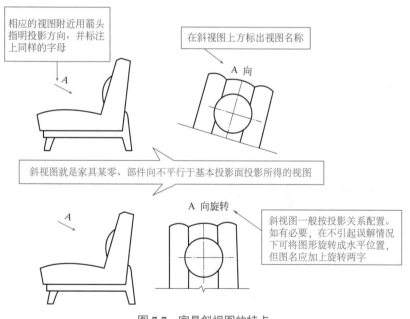

图 7-7　家具斜视图的特点

 **小　结**

斜视图往往用来表达部件倾斜结构的形状。

7.1.7 绕中心均匀分布的家具零件、部件的视图

绕中心均匀分布的家具零件、部件的视图如图7-8所示。识读该类图，首先要找到中心，然后以中心为点联想环绕的分布情况。

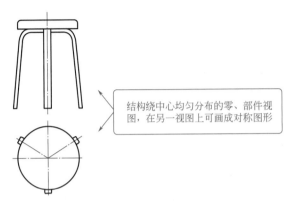

结构绕中心均匀分布的零、部件视图，在另一视图上可画成对称图形

图7-8　绕中心均匀分布的家具零件、部件的视图

7.1.8 家具外立面图

家具立面图，就是把家具的立面用水平投影的方式画出的一种图形，主要表示的内容为体现家具造型的特点。立面，通俗地讲，就是正面。外立面图，简单地讲，就是站在家具外面看到的立面图。

家具立面图，是一种家具立面的图，因此，图上重点对象——家具的一些信息要呈现出来。例如家具的轮廓尺寸、柜门的结构尺寸、柜门的材料、抽屉等信息。

如果项目是多层、多房间、多家具，则家具立面图的名称应具体一点，以便识别清楚一些。例如三楼主卧衣柜外立面图、三楼次卧衣柜外立面图等。

不同的家具立面图，图上呈现的信息有差异。例如推拉门家具立面图与平开门家具立面图上呈现的信息见表7-1。

表7-1　推拉门家具立面图与平开门家具立面图上呈现的信息

类型	图上呈现的信息
推拉门家具立面图	（1）边框的材料与其型号 （2）横条、边框、阻力器等型材的标注，有的标注在推拉门材料的标题栏内 （3）如果是有纹理的玻璃、木面、装饰板，则往往需要用文字标注纹理的方向 （4）推拉门内所选用材料 （5）芯材、纹理方向，可以直接标注在推拉门对应的图纸上
平开门家具立面图	（1）暗拉手，一般注明暗字 （2）开门的方式、开启方向在图上要表示出来 （3）拉手的型号，一般在图纸的右上方注明 （4）平开门所选用的材质一般需要注明 （5）如果板材与封边条颜色不一致，则在图上要特别注明 （6）如果需要配色，则需要清晰标注 （7）书柜木质玻璃平开门、铝合金平开门，一般需要注明边框所选用的材质、宽度、玻璃材质型号等信息

**小　结**

示意图，就是大概的表达，没有根据比例来画的图。立面图，往往要呈现真实性，一般是根据比例来画的。

7.1.9　家具内立面图

家具内立面图，简单地讲，就是在家具里面看到的立面图。通过家具内立面图，就可以知道家具内部的构造、配件形状特征、家具形状特征、尺寸、配件安装位置等信息。

家具内立面图的标识要清楚，尺寸一般不得重复。家具配件名称，可以直接用文字标注在对应位置上。

家具内立面图的图名可以采用楼层＋房间名＋家具名＋内立面图的形式给出，也可以采用识别性强的图名。

7.1.10　家具局部视图

局部视图，也就是某一部分的视图。家具局部视图的特点如图 7-9 所示。

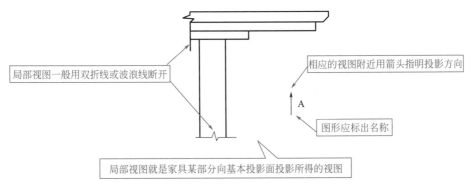

图 7-9　家具局部视图的特点

**拓　展**

画局部视图时，其断裂边界可以用波浪线或双折线来绘制。当所表达的局部结构形状完整且外轮廓线封闭时，波浪线可以省略不画。

7.1.11　剖切面与剖面

一般的家具或其零件、部件，可以采用平面来剖切。一些情况下，也可以采用柱面来剖切。如果采用柱面来剖切，则剖视图、剖面图根据展开画法绘制。

不同的剖切面类型如图 7-10 所示。

剖面，就是物体切断后呈现出的表面。剖面，也叫作截面、切面、断面。家具图的剖面如图 7-11 所示。剖面的画法与要求如图 7-12 所示。

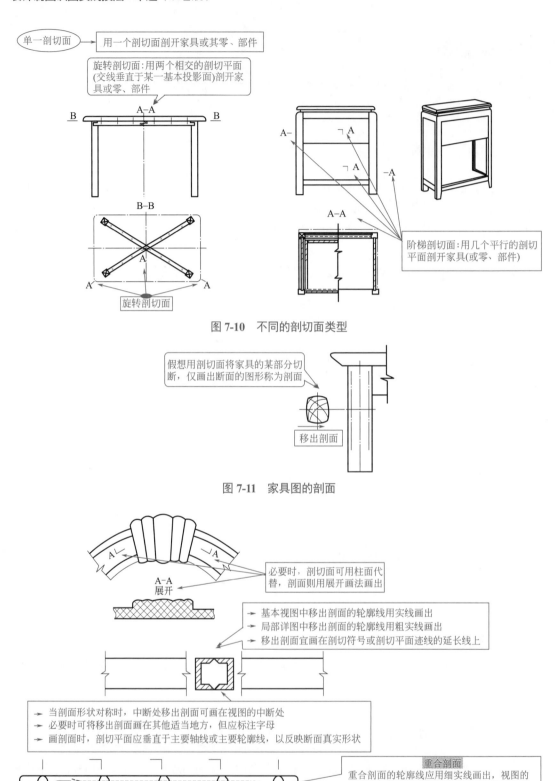

单一剖切面 ▸ 用一个剖切面剖开家具或其零、部件

旋转剖切面：用两个相交的剖切平面(交线垂直于某一基本投影面)剖开家具或零、部件

阶梯剖切面：用几个平行的剖切平面剖开家具(或零、部件)

旋转剖切面

图 7-10　不同的剖切面类型

假想用剖切面将家具的某部分切断，仅画出断面的图形称为剖面

移出剖面

图 7-11　家具图的剖面

必要时，剖切面可用柱面代替，剖面则用展开画法画出

A-A
展开

▸ 基本视图中移出剖面的轮廓线用实线画出
▸ 局部详图中移出剖面的轮廓线用粗实线画出
▸ 移出剖面宜画在剖切符号或剖切平面迹线的延长线上

▸ 当剖面形状对称时，中断处移出剖面可画在视图的中断处
▸ 必要时可将移出剖面画在其他适当地方，但应标注字母
▸ 画剖面时，剖切平面应垂直于主要轴线或主要轮廓线，以反映断面真实形状

重合剖面

重合剖面的轮廓线应用细实线画出，视图的轮廓线与重合剖面的图形重叠时，视图的轮廓线仍需要完整地画出，不可间断。用重合剖面表示表面雕饰时，可只画出雕饰部分

图 7-12　剖面的画法与要求

 拓 展

剖切面与剖面的区别：剖切面相当于是什么工具；剖面相当于用工具剖切后物体的表面。

7.1.12　家具剖视图

剖视图，简称剖视。家具剖视图，就是假想把家具或其零件、部件切去一部分，即将处在观察者与剖切面间的部分移去，而绘出其余下部分的一种视图。

根据剖切范围的大小，剖视图可以分为全剖视图、半剖视图、局部剖视图三种，如图 7-13 所示。

全剖视图是为了表达家具或其零件、部件完整的内部结构，往往用于内部结构较为复杂的情况。全剖视图中的"全"字突出其特点——完整全面的剖。

半剖视图具有既表示物体外形，又表示物体内部结构的特点。半剖视图的外形部分可以不画出虚线，但是往往要画出回转孔等的中心线。半剖视图中的"半"字突出其特点———半的剖。

局部剖视图主要用于表达家具或其零件、部件的局部内部结构或不宜采用全剖视图或半剖视图的地方。局部剖视图中被剖部分与未剖部分的分界线，往往要用波浪线表示。局部剖视图，既可以表达物体上的局部结构，又可以保留物体外形。局部剖视图中的"局部"字突出其特点——部分的剖。

半剖视图的剖切标记与全剖视图的剖切标记基本相同。平行于投影面的剖面没有通过物体的对称平面时，剖切标记往往不能省略。主视图的剖切标记，可以省略。俯视图的剖切标记，往往不能够省略。

许多全剖视图、局部剖视图，绘制时会在剖切面标注 A—A，并在剖切面的正下方或者正右方放置剖视图。

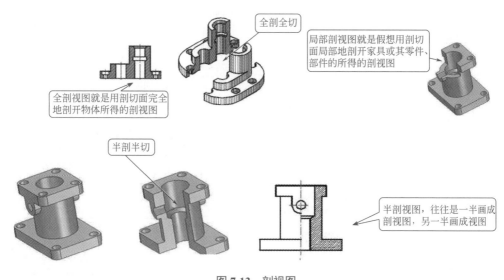

图 7-13　剖视图

剖视图的特点要求如图 7-14 所示。剖视图中可省略的项目如图 7-15 所示。

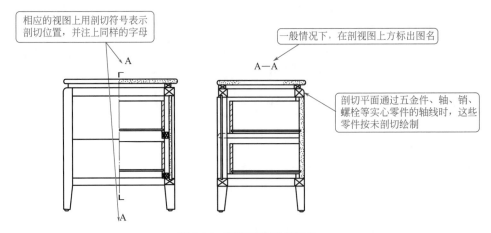

图 7-14　剖视图的特点要求

图 7-15　剖视图中可省略的项目

家具或其零件、部件材料剖面符号如图 7-16 所示。一些家具或其零件、部件材料剖面符号的要求如图 7-17 所示。

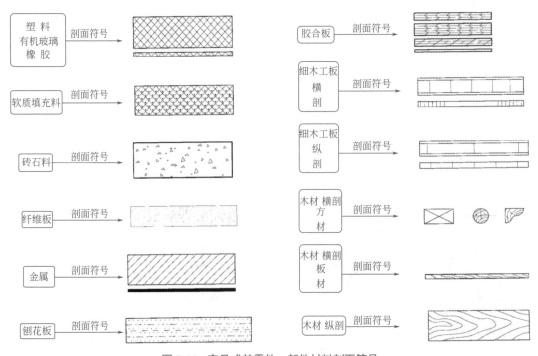

图 7-16　家具或其零件、部件材料剖面符号

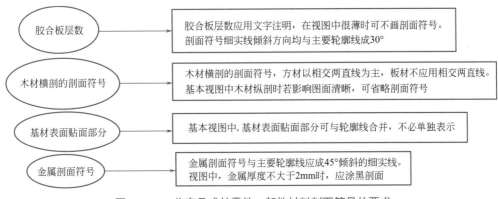

图 7-17　一些家具或其零件、部件材料剖面符号的要求

视图中可以画出图例的一些材料如图 7-18 所示。

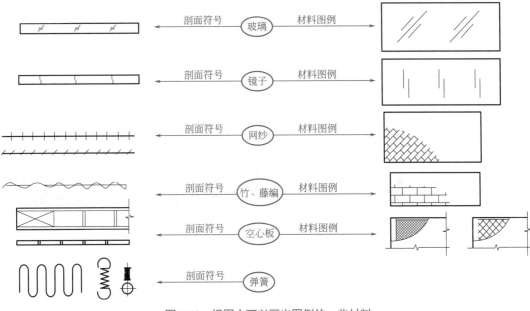

图 7-18　视图中可以画出图例的一些材料

 拓　展

剖面图与剖视图的区别在于：剖面图，是仅画出其断面的图；剖视图除了画出其断面的投影图外，还要画出剖切平面后面的投影图。

7.1.13　家具透视图（轴测图）

如果家具图纸不能够清晰地表达出设计内容，则可以采用透视图来进一步来表示。通过识读家具透视图，有利于正确理解图纸的设计意图。

家具效果图可以采用透视投影法绘制，家具安装、装配等图样可以采用轴测图绘制。

视图画法如图 7-19 所示。

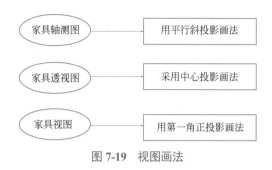

图 7-19　视图画法

7.1.14　家具局部放大图（局部详图）

家具局部放大图，一般会有放大图的索引标志。也就是说，识读时，可以根据放大图的索引标志找到局部放大图。

有的家具局部放大图放置在被放大部分的附近。

家具局部放大图的比例，往往与原图的比例不同。家具局部放大图的比例，往往标注在图名下。家具图常见比例见表 7-2。

表 7-2　家具图常见比例

种类	常用比例	可选比例
原值比例	1∶1	—
放大比例	2∶1、4∶1、5∶1	1.5∶1、2.5∶1
缩小比例	1∶2、1∶5、1∶10	1∶3、1∶4、1∶6、1∶8、1∶15、1∶20

家具局部放大图上往往会有尺寸信息。局部详图的特点如图 7-20 所示。

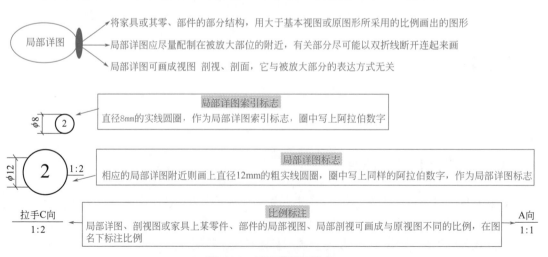

图 7-20　局部详图的特点

局部结构详图比例的要求与识图如图 7-21 所示。

图 7-21　局部结构详图比例的要求与识图

7.1.15　家具尺寸标注

家具的真实大小，应以图样所标注的尺寸数字为依据。家具图上的尺寸标注，一般是以毫米为单位，并且采用"毫米（mm）"的图纸，其上可以不必标注出"毫米（mm）"的名称，如图 7-22 所示。

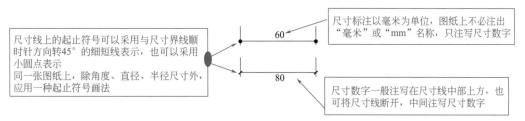

图 7-22　家具尺寸标注

圆、大于半圆的圆弧可以标注直径，并且直径是以符号"ϕ"来表示的。另外，表示直径的尺寸线，一般需要通过其圆心。圆孔，有的以圆心为基点，标注到两个边距的尺寸。方孔，有的标注方孔的长宽尺寸，并且标注在所在板上的边距尺寸。孔、圆的标注图例如图 7-23 所示。

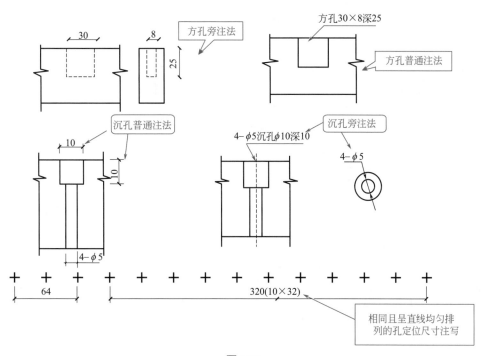

图 7-23

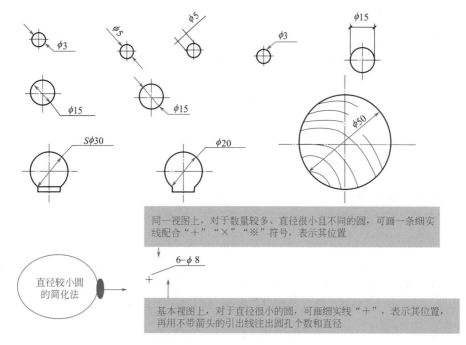

图 7-23　孔、圆的标注图例

家具小尺寸标注的方法如图 7-24 所示。

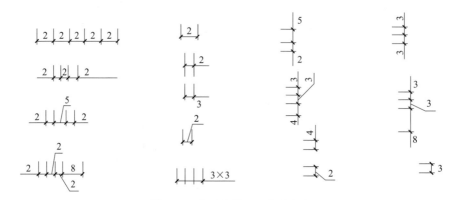

图 7-24　家具小尺寸标注的方法

半径圆弧的标注如图 7-25 所示。

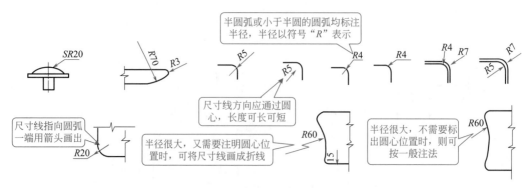

图 7-25　半径圆弧的标注

7.1.16　榫接合的简化表达

榫接合是指榫头嵌入榫眼或榫槽的接合。榫的类型与榫的接合图例如图 7-26 所示。榫接合的简化表达如图 7-27 所示。

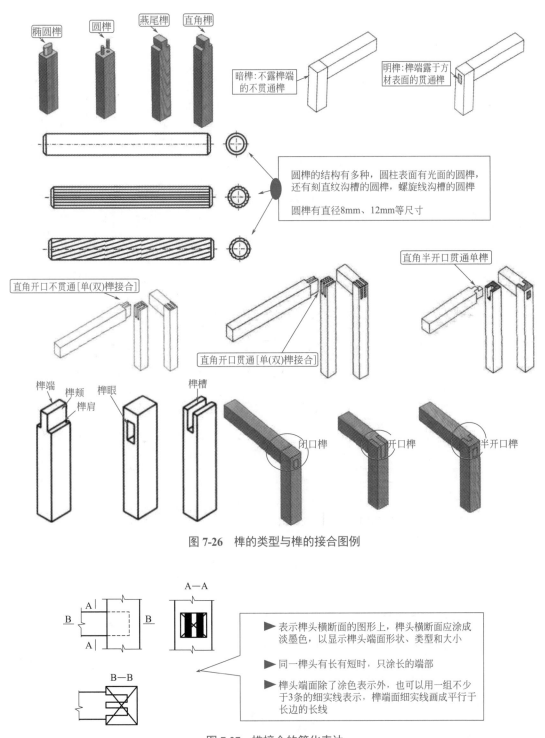

图 7-26　榫的类型与榫的接合图例

图 7-27　榫接合的简化表达

7.1.17　铆接连接

金属家具，有的连接处可以采用铆接。铆钉连接，可以采用示意图来表示，如图 7-28 所示。

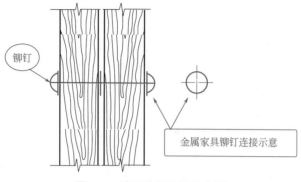

铆钉

金属家具铆钉连接示意

图 7-28　家具铆钉连接示意图

7.1.18　焊接连接

金属家具，就是主要部件由金属所制成的一类家具。如果金属家具两金属件不需要活动与拆卸的连接，则可以采用焊接。

家具图纸上的焊接要求与表示，一般采用代号标注，如图 7-29 所示。

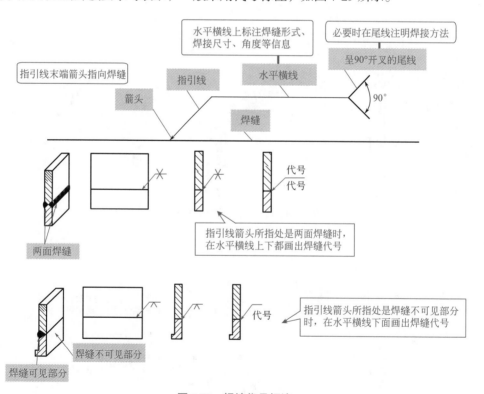

图 7-29　焊接代号标注

金属家具焊接的画法与识读特点如图 7-30 所示。

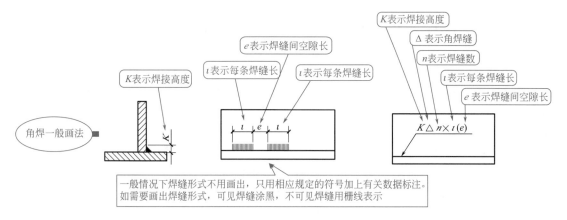

图 7-30　金属家具焊接的画法与识读特点

7.1.19　木螺钉、圆钉、螺栓连接件表示

木螺钉、圆钉、螺栓连接件表示如图 7-31 所示。

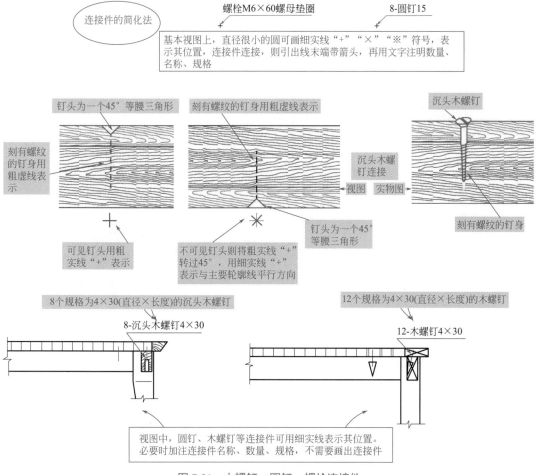

图 7-31　木螺钉、圆钉、螺栓连接件

7.1.20 家具专用连接件表示

家具专用连接件，是指用在制造家具过程中使用的起连接作用的一类部件。广义上的家具连接件包括卯榫结构、气撑杆、滑轨、铜钉、枪钉、合页、衣通座、层板托、五金家具不锈钢结构等。

狭义上的家具连接件，是指在家具生产过程中，板与板间起到紧固、连接作用的一类部件，其包括螺钉、铆钉、偏心连接件、子母组合螺母等。目前，偏心连接件是家具连接件中使用最多的连接件。

根据不同的组合，家具连接件分为四合一连接件、三合一连接件、二合一连接件、组合螺母等。根据不同的功能，家具连接件分为拆装连接件、强力连接件、紧固连接件等。

三合一连接件，一般是由胀栓（胶塞／木塞）、螺栓、偏心件等部分组成。

家具专用连接件，在许多图中采用简化方式表示，如图 7-32 所示。

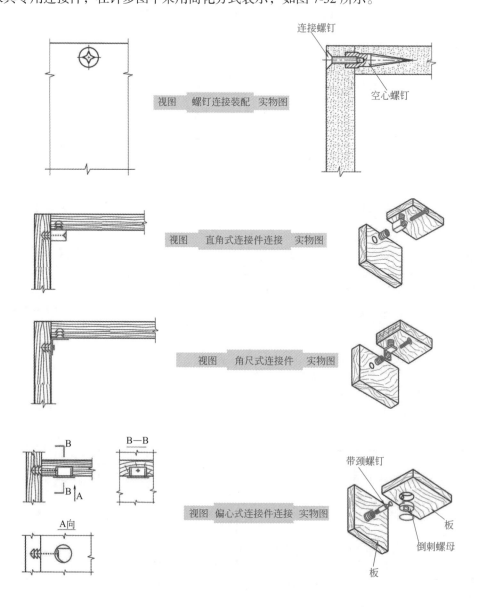

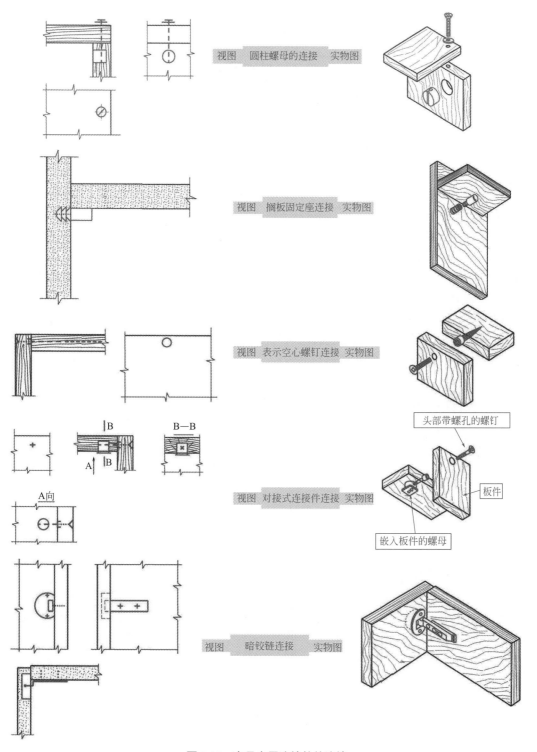

图 7-32　家具专用连接件的连接

7.1.21　门与门套剖面图识读实例

某门与门套剖面图如图 7-33 所示。

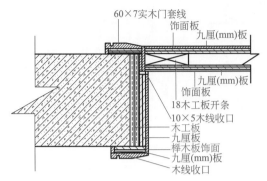

60×7实木门套线
饰面板
九厘(mm)板
九厘(mm)板
饰面板
18木工板开条
10×5木线收口
木工板
九厘板
榉木板饰面
九厘(mm)板
木线收口

图7-33　某门与门套剖面图

【识图实战技法】

①看图上直接呈现的信息：看实例图名，得知是门与门套剖面图。从此，可以定位物体：门与门套。可以定位图的类型为剖面图。门与门套剖面图上的图例，图例所用的指示线与名称，构成了门与门套的结构特点。该图门与门套的各组成结构的名称与安装顺序，从图上可以掌握。

②想图上隐含的或者遵循的支持知识：实例图名是门与门套剖面图，则门与门套、剖面图两方面有关的标准、要求、特点等往往就是图上隐含的或者遵循的支持信息。

③会图物互转互联：对于图的设计是否合理、是否有利于施工等方面的掌握，往往需要具备仔细看图上隐含的或者遵循的支持知识的习惯以及图纸与现场的一致性等知识的掌握。

7.1.22　家装柜子图识读实例

某家装鞋柜图图例如图7-34所示。

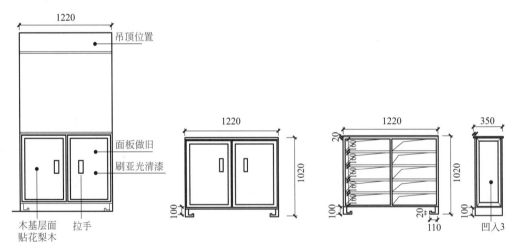

吊顶位置
面板做旧
刷亚光清漆
木基层面
贴花梨木
拉手

图7-34　某家装鞋柜图图例

【识图实战技法】

首先从整体上掌握实例柜子（鞋柜）摆放的位置，然后聚焦看具体图——柜子的尺寸、外形、结构、要求。

实例属于家装鞋柜，则鞋柜一般放于门厅玄关位置，如图7-35所示。聚焦看具体图时，综合各图的信息，形成鞋柜整体形状，如图7-36所示。之后，就是选择材料以及定下料的尺寸。

如果图纸提供了下料尺寸表，则查看下料尺寸表中的尺寸是否正确。如果正确，则根据下料尺寸表中的尺寸下料。如果不正确，则应与设计师等人员及时沟通。如果没有下料尺寸表，需要自己根据图纸来定下料尺寸，则需要注意成型作业是否对下料尺寸有"影响尺寸"。这些"影响尺寸"，往往需要在图纸上的数据的基础进行加或者减。另外，还需要考虑家具连接件方式，是否影响下料尺寸。下料完成后就是对材料进行加工与制作，然后就是连接成型与安装等工作。

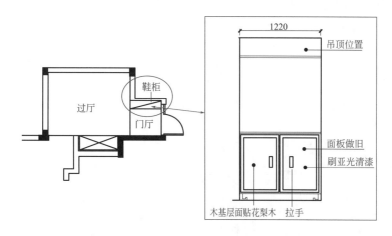

图 7-35　鞋柜位置

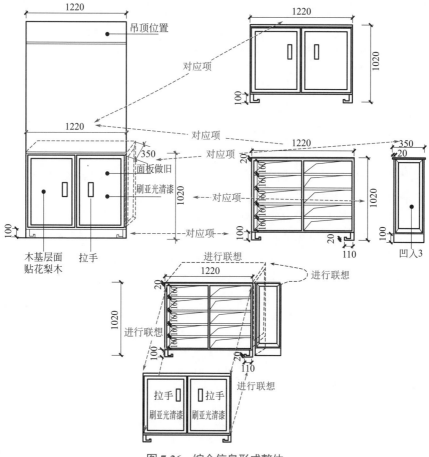

图 7-36　综合信息形成整体

7.2 装饰给水排水图

7.2.1 装饰给水排水图基础知识

一般卫生器具给水配件设计安装高度（参考）

装饰给水排水系统包括装饰给水系统、装饰排水系统。其中，建筑给水系统包括建筑内部给水系统与建筑外部给水系统。建筑给水系统的组成如图 7-37 所示。

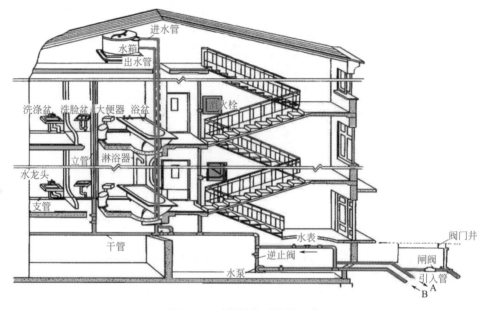

图 7-37　建筑给水系统的组成

一般情况下，建筑内部给水系统由引入管、给水附件、管道系统、水表节点、升压与贮水设备、室内消防设备等部分组成。各部分的特点如下。

①引入管——为联络室内、室外管网间的管段。

②给水附件——包括闸阀、止回阀等控制附件；水嘴、水表等配水附件。

③管道系统——一般由水平干管、立管、支管等组成。

④水表节点——水表装置设置的总称。

⑤升压和贮水设备——常用的有贮水池、高位水箱、水泵、气压给水装置等。

⑥室内消防设备——包括消火栓、自动喷水系统或水幕灭火设备等。

装修室内给水系统，其实就是建筑内部给水系统的一部分。家装排水系统，主要是指生活排水系统，分为同层排水系统与异层排水系统。

给排水工程图的组成与作用如图 7-38 所示。

给排水工程图的组成 —— 管道总平面图
管道平面图
管道系统图
安装详图
图例
施工说明

给排水工程图的作用 —— 给排水管道类型、平面布置、空间位置
卫生设施形状、大小、位置、安装方式

图 7-38　给排水工程图的组成与作用

装饰给排水图的特点见表 7-3。

表 7-3　装饰给排水图的特点

项目	解　释
装饰给排水平面图	装饰给排水平面图，就是通过装饰房门窗的高度所作的水平剖面图。它主要表达装饰房内给排水管道的平面布置与给排水设备、卫浴洁具的位置。装饰给排水平面图具有的信息如下 （1）给水进入管、污水排出管的位置、编号 （2）管道附件的平面位置 （3）设备的位置、型号、安装尺寸 （4）各条干管、立管、支管的平面布置、管径尺寸 （5）立管编号、标高 （6）水路结构 （7）水路功能
装饰给排水系统图	装饰给排水系统图能够直观地反映出管线系统的全局。它将管线在空间的走向与各个部分左右、前后、上下的空间关系用轴测图表示出来
装饰给排水立管图	在给排水施工图中，一般画出各立管以及其所带支管的分布情况、连接情况的图叫作立管图。装饰给排水立管图表示的内容如下 （1）立管与支管位置 （2）立管的编号 （3）支管的走向 （4）支管附件 （5）管径尺寸 （6）管道的坡度 （7）有关标高
装饰大样图与节点图	大样图与节点图均属于放大图。节点图是为了进一步表现物体的构造、布置的一种放大的图。大样图相对节点图是更为细部化的放大图。大样图往往是采用放大节点图还不能够表达出效果，而采用的一种更为具体细化的图

给排水图纸图号编排的规定如下。

① 系统原理图在前，平面图、剖面图、放大图、轴测图、详图依次在后。

② 水净化流程图在前，平面图、剖面图、放大图、详图依次在后。

③ 总平面图在前，管道节点图、阀门井示意图、管道纵断面图或管道高程表、详图依次在后。

④ 平面图中地下各层在前，地上各层依次在后。

识读给排水施工图的一般步骤如图 7-39 所示。

室外管网 ——→ 进户管 ——→ 水表 ——→ 干管 ——→ 立管 ——→ 横管 ——→

支管 ——→ 用水设备 ——→ 卫生洁具 ——→ 洁具排水管(常设有存水弯)——→

排水横管 ——→ 排水立管 ——→ 排出管

室内给排水施工图的识图应按照从水
的引入到污水的排出这条主线进行

图 7-39　识读给排水施工图的一般步骤

装饰给排水图，属于管道类型图。要想看懂具体的装饰给排水图，首先必须认识工艺管道图中的各种图线、图例、符号、代号，以及有关图例、标高标注、管径的表达方式等知识。

其中，给排水图中标高的标注方法见表7-4。管径的表达方式见表7-5。

表7-4　给排水图中标高的标注方法

名称	图例
平面图中沟渠的标高	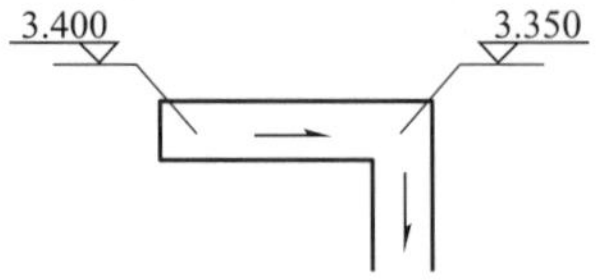
平面图中管道的标高	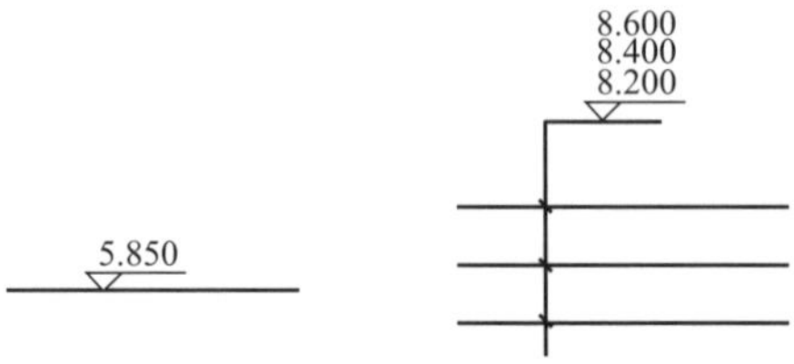
剖面图中管道与水位的标高	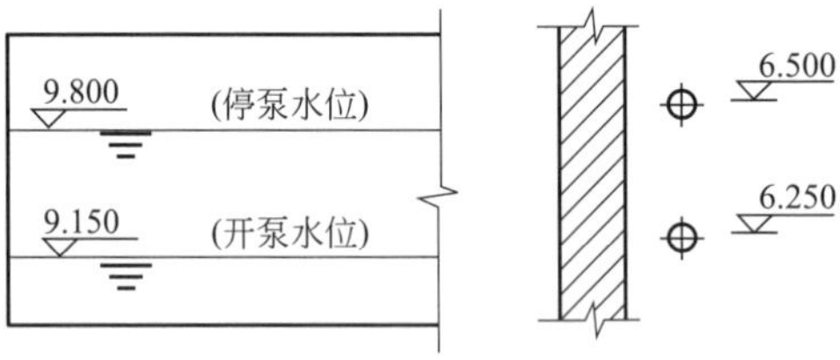
轴测图中管道的标高	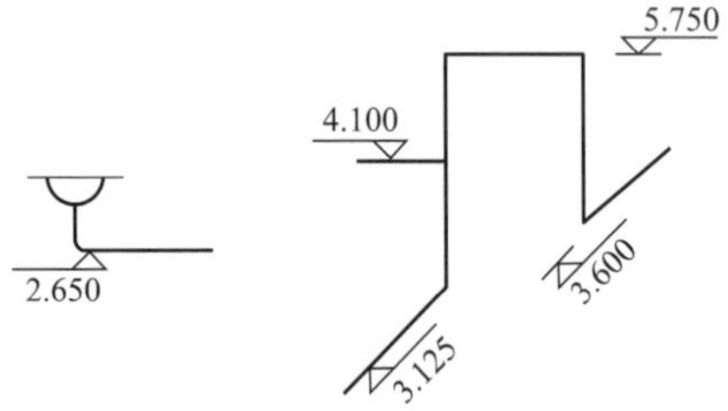

表7-5　管径的表达方式

名称	表达方式	举例
钢筋混凝土（或混凝土）管、陶土管、耐酸陶瓷管、缸瓦管等管材	管径宜以内径 d 表示	如 $d230$、$d380$
水煤气输送钢管（镀锌或非镀锌）、铸铁管等管材	管径宜以公称直径 DN 表示	如 $DN15$、$DN50$
塑料管材	管径宜按产品标准的方法表示	
无缝钢管、焊接钢管（直缝或螺旋缝）、铜管、不锈钢管等管材	管径宜以外径 $D×$ 壁厚表示	如 $D108×4$、$D159×4.5$

管径的表达方式标注图例如图 7-40 所示。

当给水引入管或排水排出管的数量超过 1 根时，为了不混淆，则需要编号，其标注方法如图 7-41 所示。

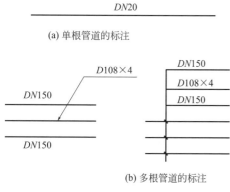

(a) 单根管道的标注

(b) 多根管道的标注

图 7-40　管径的表达方式标注图例

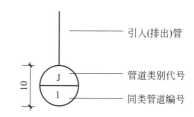

图 7-41　水管数量超过 1 根的标注方法

当设计均用公称直径 DN 表示管径时，应有公称直径 DN 与相应产品规格对照表

当装修房内穿越楼层的立管数量超过 1 根时，为了不混淆，则需要编号，其标注方法见表 7-6。

表 7-6　装修房内穿越楼层的立管数量超过 1 根的标注方法

名称	图　例
平面图	管道类别代号-编号　WL-1
剖面图	管道类别代号-编号　WL-1　2F　楼面线

管道上下拐弯在平面图上的表示如图 7-42 所示。

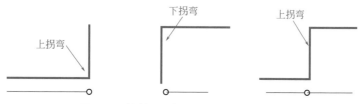

图 7-42　管道上下拐弯在平面图上的表示

7.2.2　图物互转互联

给水材料实物如图 7-43 所示。排水材料实物如图 7-44 所示。有关水路图除了水管与其

配件外，往往还有设施设备（例如水龙头、水表等）。因此，平时应留意设施设备的实物，以便识图时能够图物对应。水龙头、水表符号与实物的对应如图 7-45 所示。

(a) PPR给水管

异径弯头　弯头　异径三通　三通　外牙三通　内牙弯头

双联弯座　截止阀　双活接铜球阀　45°弯头

暗阀　内牙活接　直接　软密封阀　管帽

过桥弯　管帽　直接　45°弯头　异径直接

(b) 给水管配件

图 7-43　给水材料实物

(a) PVC排水管

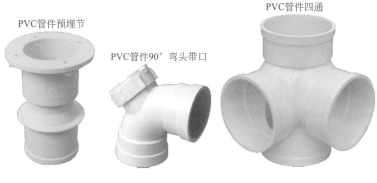

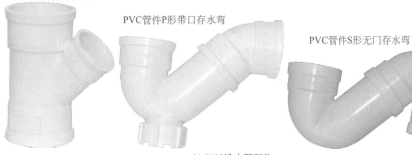

(b) PVC排水管配件

图 7-44　排水材料实物

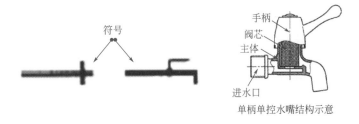

(a) 水龙头符号与示意物

(b) 水表符号与实物

图 7-45　水龙头、水表符号与实物的对应

扫码看视频

7.2.3 给水平面图识读实例

某家装给水平面图与图解如图 7-46 所示。

家装给水平面
图"节线法"
识读图解

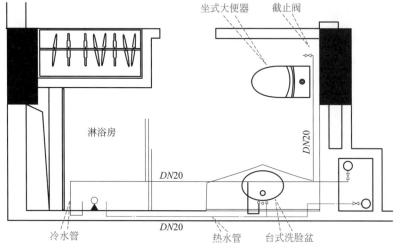

图 7-46 某家装给水平面图与图解

【识图实战技法】

从实例图中可以看出该图是淋浴房的有关给水图，其中涉及冷水管、热水管的敷设，以及有关卫生设备的安装、阀门的安装。实例中的冷水管、热水管均采用 DN20 管。

识读该实例水管的布局特点，可以采用"节线法"进行：首先根据水管连接处、分支处、接设备设施处设定为节点，然后根据两节点一水管的特点来识读，其图解如图 7-47 所示。为便于识读，把图上冷水管水路"单独看"，这样识读更清晰一些，如图 7-48 所示。对于热水管的识读，也可以采用类似方法进行，在此不再重述。

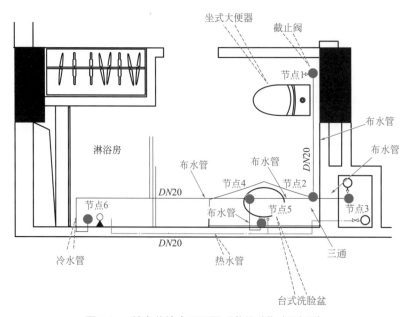

图 7-47 某家装给水平面图"节线法"识读图解

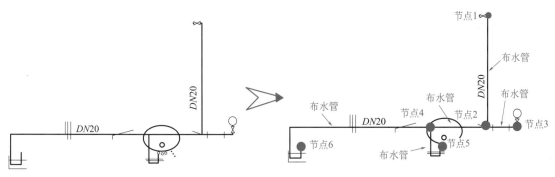

图 7-48　把图上水路"单独看"

7.3　装饰电路图

7.3.1　装饰电路图基础知识

　　室内电气工程指供电和用电工程、外线工程、变配电工程、室内配线工程、电力工程、照明工程、防雷工程、接地工程、发电工程、弱电工程等。其中，家装电气图一般指室内配线工程、室内照明工程、室内弱电工程。

　　电气图类型见表 7-7。

表 7-7　电气图类型

类型	解　释
系统图	概略地表达一个项目的全面特性的简图，又称概略图
简图	主要是通过以图形符号表示项目及它们之间关系的图示形式来表达信息
电路图	表达项目电路组成和物理连接信息的简图
接线图（表）	表达项目组件或单元之间物理连接信息的简图（表）
电气平面图	采用图形和文字符号将电气设备及电气设备之间电气通路的连接线缆、路由、敷设方式等信息绘制在一个以建筑专业平面图为基础的图内，并表达其相对或绝对位置信息的图样
电气详图	一般指用（1∶20）～（1∶50）比例绘制出的详细电气平面图或局部电气平面图
电气大样图	一般指用（1∶20）～（10∶1）比例绘制出的电气设备或电气设备及其连接线缆等与周边建筑构、配件联系的详细图样，清楚地表达细部形状、尺寸、材料和做法
电气总平面图	采用图形和文字符号将电气设备及电气设备之间电气通路的连接线缆、路由、敷设方式、电力电缆井、人（手）孔等信息绘制在一个以总平面图为基础的图内，并表达其相对或绝对位置信息的图样

　　室内电气施工图的作用、组成、特点、表示方法、看图顺序见表 7-8。

表 7-8　室内电气施工图的作用、组成、特点、表示方法、看图顺序

项目	解　释
作用	室内电气施工图说明电气工程的构成、功能，描述电气工程的工作原理，提供安装技术数据与要求、使用维护的依据

项 目	解　释
组成	室内电气施工图一般包括设计说明、电气系统图、电气平面图、设备布置图、安装接线图、电气原理图、详图等
特点	室内电气施工图各种装置或设备中的元部件都不按比例绘制其外形尺寸，而是用图形符号来表示，以及用文字符号、安装代号来说明电气装置、线路的安装位置、相互关系、敷设方法等信息
表示方法	（1）室内配电线路的表示方法如下 ①电气照明线路在平面图中，一般采用线条、文字标注相结合的方法，表示导线的型号、数量、规格、线路的走向、用途、编号、线路的敷设方式、敷设部位 ②灯具在平面图中一般采用图形符号来表示，可以在图形符号旁标注文字，说明灯具的名称、功能
	（2）电力及照明设备在平面图中一般采用图形符号来表示，以及在图形符号旁标注文字，说明设备的名称、规格、数量、安装方式、离开高度等信息
看图顺序	室内照明线路的看图顺序一般为设计说明→系统图→平面图→接线图→原理图等

　　要想看懂具体的装饰电路图，首先必须认识电路图中的各种图线、图例、符号、代号，以及有关图例、表达方式等。

　　照明灯具导线数量的表示方法：只要走向相同，无论导线的数量多少，都可以用一根图线表示一束导线，同时在图线上打上短斜线表示数量；也可以画一根短斜线，在旁边标注数字表示数量，所标注的数字不小于3，对于2根导线，可用一条图线表示，不必标注数量。照明灯具接线数量的关系如图7-49所示。

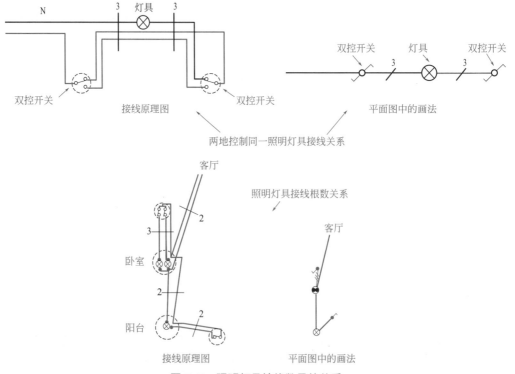

图 7-49　照明灯具接线数量的关系

照明灯具接线数量，其实就是涉及导线的表示方法。导线常见表示方法见表 7-9。

表 7-9　导线常见表示方法

表示方法	图　例
一般表示方法	
单线表示法	表示3根导线　　　　表示n根导线
三相电路	三相交流电路，50Hz，380V 3N～50Hz　　　　380V $3 \times 70 + 1 \times 35$ 3根导线截面积均为70mm²，中性 线截面积为35mm²，铝(Al)芯线
控制电缆	8芯控制电缆，型号为KVV，截面积均为1.0mm²，穿入直径 为20mm²的钢管(代号为G)，地中暗敷设(代号为DA) A1 KVV-8×1.0 G20DA
柔软导线	
屏蔽导线	
绞合导线	2股绞合导线
导线汇入或离开线组	 导线汇入或离开线组可以通过对应的字母来识别。当用单线表示的多根导线其中有导线离开或 汇入时，一般可加一段短斜线来表示
相序变更	L₃ L₁
电力电缆	电力电缆，两端符号表示电缆终端头
连接交叉	斜交叉连接 R_1　　R_2 R_3　　R_4

指引线的特点图解如图 7-50 所示。

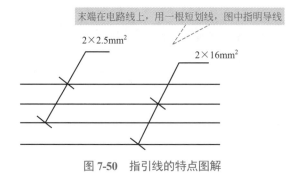

图 7-50　指引线的特点图解

7.3.2　图物互转互联

开关插座实物如图 7-51 所示。家装电路安装布局实景如图 7-52 所示。有关电路图除了开关插座、电管、电线外，往往还有其他用电设施设备。因此，平时应留意用电设施设备的实物，以便识图时能够图物对应。

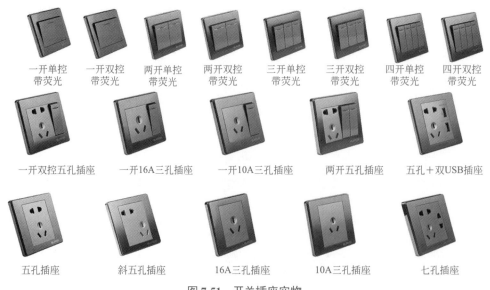

图 7-51　开关插座实物

图 7-52　家装电路安装布局实景

识读两灯一开关灯泡并联照明电路时的图物对照（即图物互转互联）如图 7-53 所示。

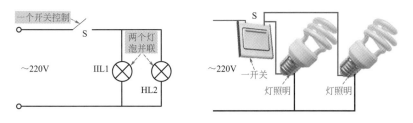

图 7-53　识读两灯一开关灯泡并联照明电路时的图物对照

识读单极开关并联控制电路时的图物对照（即图物互转互联）如图 7-54 所示。

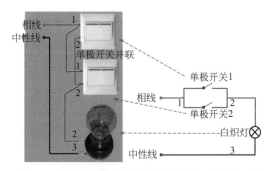

图 7-54　识读单极开关并联控制电路时的图物对照

导线与开关、灯的表示方法对比见表 7-10。

表 7-10　导线与开关、灯的表示方法对比

名称	平面图	实际接线图	说明
一个开关控制一盏灯			开关需要安装在相线上
一个开关控制多盏灯			注意灯需要并联
两个双控开关控制一盏灯			相线接在两个双联开关的动触点上，它们的两静触点采用两根导线直接连通即可
日光灯连接			相线通过开关接镇流器

7.3.3 家装配电箱电路图识读实例

某别墅配电箱的实例与识读图解如图 7-55 所示。

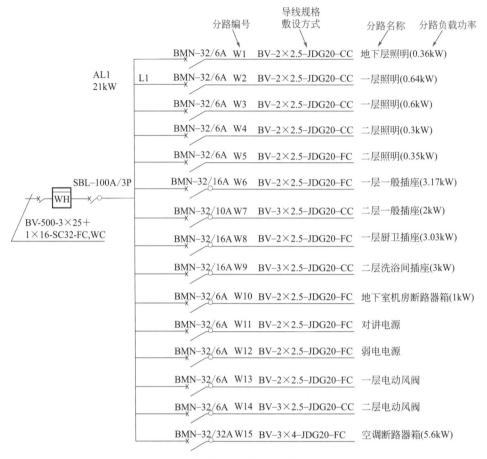

图 7-55 某别墅配电箱的实例与识读图解

【识图实战技法】

从实例图上可以直接识读如下一些信息。

① 该配电箱（实例）分 15 路输出。

② 总断路器型号、规格为 SBL-100A/3P。

③ 分断路器型号、规格为 BMN-32/6A。

④ 进户导线规格与敷设方式为 BV-500-3×25+1×16-SC32-FC，WC。

⑤ 分路导线规格与敷设方式为 BV-2×2.5-JDG20-CC、BV-3×2.5-JDG20-CC、BV-2×2.5-JDG20-FC 等。

对于各自型号规格的命名规律，则需要"图外"掌握。

7.3.4 家装天花灯具与开关布置图识读实例

某家装天花灯具与开关布置图实例如图 7-56 所示。

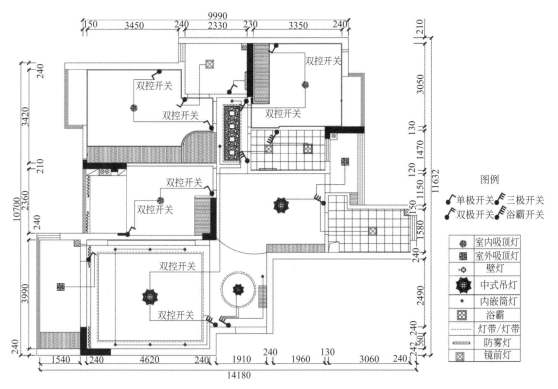

图 7-56　某家装天花灯具与开关布置图实例

【识图实战技法】

对于实例开关布置图，首先灯具图例与开关图例在图上能够对应好，然后可以利用"节线法"来识图，如图 7-57 所示（仅列举部分，其他识图参考即可）。相邻节点与节点间的布

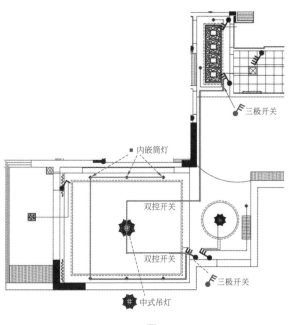

图 7-57

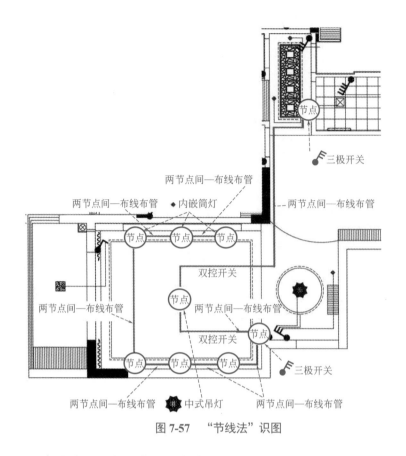

图 7-57　"节线法"识图

管布线，需要根据节点类型与安装方法来确定。节点定位尺寸，需要看图上尺寸或者说明，或者根据施工要求等来确定。

［1］　房屋建筑室内装饰装修制图标准. JGJ/T 244—2011.

［2］　房屋建筑制图统一标准. GB/T 50001—2017.

［3］　阳鸿钧等. 零基础学建筑识图. 北京：化学工业出版社，2019.

［4］　技术制图图样画法剖面区域的表示法. GB/T 17453—2005

［5］　技术制图图样画法视图. GB/T 17451—1998

［6］　房屋建筑CAD制图统一规则. GB/T 18112—2000

［7］　阳鸿钧等. 全彩突破装修水电识图. 北京：机械工业出版社，2019.

随书附赠视频汇总

视图的特点	图纸的标题栏	定位轴线	尺寸界线、尺寸线与尺寸起止符号
楼梯常用图例与立体图对照	椅子常用图例	开关常用图例	插座常用图例
识读实例的导线、电器	封面与目录	设计规范数据尺寸要求	卫生器具设计安装高度（参考）
连接卫生器具的排水管径与最小坡度的设计参考	原始建筑测量图识读实例	墙体改建图识读图解	一般卫生器具给水配件设计安装高度（参考）
家装给水平面图"节线法"识读图解			